Couvertures supérieure et inférieure
en couleur

LES PRINCIPES 568

DE LA

DÉCOUVERTE

RÉPONSES A UNE QUESTION

DE

L'ACADÉMIE DES SCIENCES DE BERLIN

PAR

TH. FUNCK-BRENTANO

PROFESSEUR A L'ÉCOLE LIBRE DES SCIENCES POLITIQUES

1885

PARIS

E. Plon, Nourrit & Cᵉ, éditeurs,

10, rue Garancière.

LEIPZIG

Verlag von Duncker & Humblot,

Dresdenerstrasse 17.

LUXEMBOURG

Frédéric Beffort, imprimeur-éditeur,

10, rue de Chimay.

DU MÊME AUTEUR

Pensées et Maximes nouvelles, brochure in 8°.
Luxembourg, Schamburger, libraire-éditeur, épuisé.

Philosophie et lois de l'histoire, un vol. in 8°.
Paris, Librairie Didier & Cie, quai des Augustins 35, épuisé.

Les Sciences humaines — la philosophie — un fort vol. in 8°.
Paris, A. Lacroix, Verboeckhoven et Cie, éditeurs,
15, boulevard Montmartre.

La Pensée exacte en philosophie, un vol. in 12.
Paris, A. Lacroix, Verboeckhoven & Cie, éditeurs.

La Civilisation et ses lois — morale sociale — un vol. in 8°.
Paris, E. Plon & Cie, éditeurs rue , 10Garancière.

Les sophistes grecs et les sophistes contemporains —
les sophistes grecs et les sophistes contemporains anglais
, — un vol. in 8°. — E. Plon & Cie, éditeurs.

Précis du droit des gens — en collaboration avec M. Albert Sorel — un vol. in 8°. — E. Plon & Cie, éditeurs.

Correspondance diplomatique de M. de Bismarck — 1851-1859
— publiée sous la direction et avec une préface de l'auteur
— 2 vol. in 8°. — E. Plon & Cie, éditeurs.

SOUS PRESSE

Les sophistes allemands et les nihilistes russes — Kant —
ses successeurs — les nihilistes.
E. Plon, Nourrit & Cie, éditeurs.

LUXEMBOURG. — TYP. FR. BEFFORT.

LES PRINCIPES

DE LA

DÉCOUVERTE

LES PRINCIPES

DE LA

DÉCOUVERTE

RÉPONSES A UNE QUESTION

DE

L'ACADÉMIE DES SCIENCES DE BERLIN

PAR

TH. FUNCK-BRENTANO

PROFESSEUR A L'ÉCOLE LIBRE DES SCIENCES POLITIQUES

1885

PARIS   LEIPZIG

E. Plon, Nourrit & Cie, éditeurs,   Verlag von Duncker & Humblot,
10, rue Garancière.   Dresdenerstrasse 17.

LUXEMBOURG

Frédéric Beffort, imprimeur-éditeur,
10, rue de Chimay.

INTRODUCTION.

LA QUESTION.

Il y a trois ans, je lus par hasard dans l'Indicateur officiel de l'Empire allemand :

„ACADÉMIE ROYALE DES SCIENCES".[1] — La section „de philosophie et d'histoire a mis au concours la „question suivante : Si généralement que l'importance „de la loi de causalité soit aujourd'hui reconnue, aussi „différentes sont les opinions sur la façon dont s'est „formée primitivement la conception des choses ex-„primée par cette loi et sur les raisons scientifiques „qui lui servent de fondement, quel est par suite le „sens véritable de la loi de causalité et jusqu'où s'étend „sa portée. Il semble qu'un des moyens essentiels „de la solution de ces questions soit l'exposé histo-„rique et la critique philosophique des réponses qui „ont été données par la philosophie moderne à la-

---

[1] Die philosophische Preisfrage der philosophisch-historischen Klasse ist folgende :

So allgemein die Bedeutung des Gesetzes der Kausalität für alle Formen und Gebiete des menschlichen Erkennens heutzutage anerkannt ist, soweit gehen die Ansichten doch immer noch darüber auseinander, auf welchem Wege sich die in jenem Gesetz ausgesprochene Auffassung der Dinge ursprünglich gebildet hat; auf welche wissenschaftlichen Gründe dieselbe sich stützt; welches daher der eigentliche Sinn des Kausalitätsgesetzes ist und wie weit seine Geltung sich erstreckt. Als ein wesentliches Hülfsmittel für die gründliche Beantwortung dieser Fragen erscheint die geschichtliche Zusammenstellung und philosophische Kritik der Antworten, welche auf dieselben in der für diese Untersuchung vorzugsweise in Betracht kommenden neueren Philosophie gegeben worden sind. Um hierzu eine Anregung zu geben, wünscht die Akademie eine Darstellung und Prüfung

„quelle il importe surtout de s'arrêter dans cette „analyse. L'Académie désire donc, en vue de faire „entreprendre de nouvelles recherches, un exposé „et un examen des théories sur l'origine, le sens „et la portée de la loi de causalité qui, dans les „trois derniers siècles, ont exercé une influence sur „le développement scientifique.

„Le délai exclusif de l'envoi des réponses, qui „pourront être rédigées, au gré des auteurs, en „langue allemande, latine, française, anglaise, ita-„lienne, est fixé au 31 décembre 1884. Chaque „réponse devra porter une devise, répétée sur un pli „cacheté contenant le nom et l'adresse de l'auteur. „Le prix de 5000 Marcs sera décerné dans la séance „publique de l'anniversaire de Leibnitz en 1885."

La question me parut tellement importante et le sujet d'un intérêt si vaste que je résolus de parti-ciper au concours. Les difficultés cependant me semblaient considérables. Par sa forme, la question se compose évidemment de deux parties dont l'une apparaît en quelque sorte comme la négation de l'autre. Dans la première, l'Académie affirme que la loi de causalité, quoique généralement reconnue, est si diversement interprétée qu'on ignore non seu-

---

ber Theorien über ben Ursprung, ben Sinn und die Geltung des Kausalitäts-gesetzes, welche auf die wissenschaftliche Entwicklung ber letzten drei Jahrhun-derte Einfluß gewonnen haben.

Die ausschließende Frist für die Einsendung ber Beantwortung dieser Auf-gabe, welche nach Wahl des Verfassers in deutscher, lateinischer, französischer, englischer oder italienischer Sprache abgefaßt sein kann, ist ber 31. Dezember 1884. Jede Preisschrift ist mit einem Motto zu versehen, welches auf einem beizufügenden, versiegelten, ben Namen und die Adresse des Verfassers ange-benben Zettel wiederholt ist. Die Ertheilung des Preises von 5000 M. geschieht in ber öffentlichen Sitzung des Leibnizischen Jahrestages 1885.

Deutscher Reichs-Anzeiger, ben 5. Juli 1882.

lement sa portée scientifique, mais encore son origine et son sens véritables. Dans la seconde, Elle demande par contre un exposé historique et critique des théories des trois derniers siècles, qui ont exercé une influence sur le développement scientifique. Or, s'il existe une théorie qui, par l'origine, le sens et la portée accordés à la loi de causalité, a eu une action sur les progrès si nets et si précis des sciences, il est certain que cette origine, ce sens et cette portée ne sont pas inconnus ; pourquoi alors la première partie de la question ? — Si, au contraire, aucune de ces théories ne répond au développement scientifique, pourquoi la seconde ?

Je m'expliquai cette contradiction apparente par le désir de l'Académie de recevoir la solution d'une question si ardue et controversée ; mais, dans la crainte de rebuter les auteurs en l'exigeant d'une manière formelle, Elle résolut de se contenter également d'un simple exposé historique et critique des théories de la philosophie moderne. J'y voyais donc plutôt un encouragement et une promesse d'indulgence, qu'une exigence contradictoire.

Vers la fin de l'année suivante déjà, j'envoyais ma réponse ; mais à peine fut-elle partie que de nouveaux doutes m'assaillirent, non plus au sujet de la question, mais à propos de mon mémoire. J'y démontrais qu'Aristote seul avait émis une théorie telle sur la loi de causalité qu'elle répondait aussi bien aux découvertes des sciences, qui illustrèrent les trois derniers siècles, qu'à celles qui les précédèrent sans avoir exercé la moindre influence sur elles. Je prouvais en outre qu'avant comme après la Renaissance les progrès des sciences avaient été un produit naturel, spontané du génie humain, et que toutes les théories de la philosophie moderne étaient aussi opposées à la doctrine d'Aristote que contraires au développement scientifique. J'avais donc répondu au nom d'un philosophe dont l'Académie n'avait point fait mention, et contesté l'influence de tous ceux dont elle exigeait l'analyse comme une condition essentielle de la solution. La contradiction inhérente à la question m'avait poursuivi jusque dans mon travail.

Je fis soumettre mes doutes d'une manière indirecte à un ami en Allemagne. Il répondit qu'en effet une solution conçue dans ces conditions ne paraissait pas conforme au désir si formellement exprimé par l'Académie.

Je rédigeai un second mémoire ; cette fois au nom de Leibnitz, en l'honneur duquel le prix devait être décerné, et, à l'exemple de mon illustre modèle, je l'écrivis dans une autre langue en me conformant à la question jusqu'à la lettre. J'y montrai que „le principe de la raison suffisante“, ainsi que le grand penseur l'avait établi, répondait seul à l'esprit et aux progrès des sciences, tandis que la prétendue loi de causalité, telle qu'elle avait été interprétée par les autres philosophes des trois derniers siècles et par l'Académie elle-même, n'avait aucun caractère de loi intellectuelle, impliquait la négation de toute science et certitude. Je fis copier le mémoire par une main de femme, sceller d'un cachet étranger et mettre à la poste à Munich avec la mention *recommandé*.

Cette façon d'agir, qui semblera étrange, présentait un intérêt scientifique tout particulier.

L'Académie s'était donné la mission de couronner la meilleure des nombreuses études qu'elle recevrait. Elle devait donc les comparer entre elles, par suite aussi, mes réponses française et allemande. Or, il suffisait que l'un ou l'autre membre de la haute assemblée fût frappé d'une tournure de phrase semblable, d'un enchaînement d'idées analogue, de moins encore, de la similitude de l'écriture des deux adresses ou de celle des corrections faites aux copies, pour qu'aussitôt il prît l'éveil, et, les comparant plus minutieusement, découvrît que, sous une autre forme et dans un autre langage, elles conduisaient toutes deux à la même solution, réflétaient à des points de vue divers, une seule et même pensée, et conclût, en raison de l'identité des rapports, à l'identité de l'auteur. Il appliquait en ce cas mot pour mot les règles de la découverte des causes telles que je les avais formulées dans ma réponse française, et obéissait aux mêmes principes que les Galilée et les Newton dans leurs immortelles découvertes.

Je ne pouvais donner de meilleure preuve de l'exactitude de ma première solution.

De plus, pour rendre l'application des règles de la découverte à ma double réponse aussi facile que possible,—je n'y mettais guère de malice,—je résolus de faire une lecture à l'Académie des sciences morales et politiques dans laquelle, conciliant les deux réponses, je montrerais l'accord qui existe entre la loi de causalité interprétée suivant la théorie du plus grand philosophe de la Grèce, et le principe de la raison suffisante tel qu'il fut formulé par le plus illustre penseur de l'Allemagne.

L'Académie des sciences de Berlin appliquera-t-elle les règles, qui dérivent de la loi de causalité, dont elle a demandé l'origine, le sens et la portée? —

La question, sous cette dernière forme, sort du cadre de la décision académique. L'application des lois de la découverte des causes, aussi aisée que naturelle dans la vie journalière, restera dans les sciences le privilége du génie, si simples qu'en soient les règles.

Paris, le 1er janvier 1885.

Th. F.-B.

I

RÉPONSE.

LA LOI DE CAUSALITÉ.

Suum cuique.

AVANT-PROPOS.

Difficulté de la question.

La belle et grande question, que l'Académie des sciences de Berlin a soumise aux savants de tous les pays, renferme par la forme que la haute Assemblée a cru devoir lui donner, une double difficulté, qui, prise à la lettre, en rend la solution fort difficile.

L'Académie demande sur quel fondement repose la loi de causalité pour que des interprétations si divergentes aient pu en être faites ? quel en est le sens véritable, la portée réelle ? et, pour rendre la solution plus facile, elle ajoute : qu'un examen historique et critique des théories philosophiques, qui ont exercé une influence sur le développement scientifique des derniers trois siècles par l'origine, le sens et la portée qu'elles ont attribuées à la loi de causalité, semble constituer un élément essentiel de la réponse.

En présence d'une question posée d'une manière aussi précise, il faut, en premier lieu, admettre que la haute Assemblée, en répétant par trois fois l'expression de *loi de causalité*, ait entendu par là cette loi, et non pas les systèmes généraux de spéculation dogmatique sur la nature et l'origine des choses ; systèmes fondés le plus souvent sur des principes différents de celui de la causalité. Quelques-uns de ces systèmes exercèrent cependant une influence marquée sur le développement scientifique des derniers trois siècles. Il y eut même des doctrines qui par leur esprit mirent leurs auteurs dans l'impuissance de donner une interprétation quelconque de la loi de causalité, et qui n'en eurent pas moins une action directe sur des découvertes mémorables. Descartes n'admit que les idées qu'il appelait *simples*, comme source de la science et de la certitude, et non des notions complexes telles que celles exprimées par l'axiome de causalité ; ses tourbillons n'en donnèrent pas moins naissance à sa théorie si vivante de la lumière et contribuèrent à la découverte de la gravitation par Newton. Le calcul des probabilités surgit du scepticisme de Pascal, qui, dans son désespoir de la raison humaine, n'a certes pas songé à reconnaître une valeur scientifique quelconque à la loi de causalité. Nous pourrions multiplier les exemples ; ils s'étendent jusqu'à nos jours.

De tout temps, les systèmes philosophiques en vigueur exercèrent une action sur les théories scientifiques, et prédisposèrent les esprits à faire des découvertes dans une direction de préférence à une autre.

Au même titre la politique, l'état social, le changement des mœurs influent sur le mouvement des esprits et contribuent aux progrès des sciences ; en même temps les sciences, dans leurs progrès réagissent sur les différentes branches du développement intellectuel et moral pour modifier les systèmes philosophiques aussi bien que les tendances sociales et politiques des peuples.

A ce point de vue il faudrait donc, pour se conformer strictement à la question mise au concours par la haute Assemblée, faire le tableau historique et critique, non pas des interprétations de la loi de causalité, mais des systèmes de philosophie qui depuis trois siècles ont exercé une influence, non plus sur les progrès, les découvertes et les inventions des sciences, mais sur les esprits et leurs tendances générales. Serait-ce répondre à la pensée si précise de l'Académie : quel est l'origine, le sens et la portée scientifique de la loi de causalité ?

En second lieu, l'histoire de la philosophie démontre, il nous sera facile de le prouver, que de tous les philosophes Aristote est celui qui a donné la meilleure interprétation de la loi de causalité, et qu'il suffit d'appliquer sa théorie aux résultats des analyses faites par la philosophie moderne et aux progrès accomplis par les sciences, pour qu'elle explique toutes les grandes découvertes et leur devienne applicable jusque dans les moindres détails. Depuis Bacon et Descartes, le stagirite n'a cependant plus guère eu d'action sur le mouvement scientifique. On découvre, au contraire, dans l'histoire des sciences modernes des traces constantes de l'esprit général de doctrines dont les formules de la loi de causalité étaient absolument inapplicables aux découvertes scientifiques.

Ainsi, en prenant à la lettre le désir exprimé par l'Académie de voir la solution donnée par l'étude historique des théories de la philosophie moderne, l'examen de l'unique doctrine qui puisse conduire à un résultat paraît exclu, en même temps que la critique est admise de toutes celles dont le fait, que l'Académie a cru devoir mettre la question au concours, démontre à lui seul l'insuffisance.

Nous sommes néanmoins persuadé qu'en remontant, au point de vue historique, jusqu'à la philosophie grecque, et en envisageant, au point de vue scientifique, les caractères propres aux découvertes si précises et aux progrès si réels des sciences, nous pourrons d'autant plus compter sur l'indulgence de l'Académie, que nous nous efforcerons davantage de répondre, sinon à la lettre, du moins à la pensée de la haute Assemblée.

Iʳᵉ PARTIE

EXPOSÉ HISTORIQUE ET CRITIQUE DES THÉORIES
SUR LA LOI DE CAUSALITÉ
ET RÉSUMÉ DES PROGRÈS DES SCIENCES.

Des premières grandes écoles de la philosophie grecque, de celles d'Elée et d'Ionie, avaient surgi deux grandes doctrines qui dominèrent les autres ; l'une la doctrine de l'être immuable du Parménide, l'autre celle du mouvement toujours autre d'Héraclite. Les oppositions aussi bien que les conséquences extrêemes de ces deux doctrines donnèrent naissance aux écoles des sophistes, ainsi qu'à l'admirable enseignement de Socrate, qui démontra que pour parvenir à la science et à la vérité, il fallait avant tout mieux approfondir et préciser les notions générales des choses.

La théorie aristotélicienne de la cause.

Platon fit des idées générales les essences éternelles et immuables en les assimilant à l'être toujours le même de Parménide, et il expliqua les accidents, les différences des choses particulières par le toujours autre, [1] le mouvement d'Héraclite. La doctrine du bien-aimé disciple de Socrate fut la synthèse de la pensée philosophique de la Grèce.

Vint Aristote, il vit que toutes les idées ne participaient pas de la même manière de l'être immuable. »Si l'animal en soi, dit-il, participe de l'animal qui

---

1) Cf. le dialogue du Parménide.

»n'a que deux pieds et de celui qui en a un plus
»grand nombre, il en résulte une impossibilité ; le
»même être, un et déterminé, réunirait à la fois
»les contraires.« [1]) Il en conclut qu'il n'y avait
d'immuables, d'essentielles que les notions de l'espèce dans le genre, formes substantielles et définitions des êtres. »L'essence est ce qu'est proprement
»un être, sa forme substantielle, et il y a forme
»substantielle pour tous les êtres dont la notion est
»une définition.« [2]) Enfin pour que les formes substantielles se réalisent, il faut qu'elles le fassent
dans quelque chose, »la statue dans le marbre«, et
pour qu'un accident soit, il faut qu'il se rapporte
à une forme réalisée. Comme tels, la forme et ses
accidents se rapportent nécessairement à un sujet
commun, la chose qui devient telle forme, tels
accidents, support aussi bien de ces derniers que
de la première. Ce fut la matière sans forme
pour Aristote, cause de la variété et de la multiplicité des choses, le toujours autre de Platon, conception dans laquelle il avait déjà été précédé par
Prodicus.

Ces hypothèses du stagirite paraissent n'avoir aucun rapport avec la loi de causalité ; elles constituent le fondement de la théorie du péripatéticien
sur les causes ; les règles de leur découverte et
de leur démonstration en dérivent.

»On ne peut démontrer, dit-il, une chose, que
»par les principes qui lui sont propres, c'est-à-dire,
»si le démontré est à l'objet en tant que cet objet

---

1) Métaphys. lib. VI cap. XV 8.
2) Idem. lib. VI cap. IV 6.
3) Idem. lib. VII cap. III 9.

„est ce qu'il est ; il ne suffit pas pour savoir cette
„chose de la démontrer en partant de propositions
„vraies, indémontrables et immédiates, ce n'est là
„démontrer que comme Bryson démontrait la qua-
„drature du cercle. Les raisonnements de ce genre
„ne démontrent jamais que d'après un principe
„commun qui s'applique également à des objets qui
„ne sont pas du même genre.« [1] „Nous ne savons,
„continue-t-il, une chose qu'après avoir connu la
„cause« [2]

Ainsi, il y a un instant, la forme substantielle et
la définition se confondaient pour Aristote dans
la notion essentielle des choses, et maintenant, ce
sont d'après ce passage, le principe propre de la
chose à démontrer et sa cause qui se confondent à
leur tour chez lui. Confusion qu'il commet vo-
lontairement : „je confonds, dit-il, primitif et prin-
„cipe« et plus loin il ajoute : „le nécessaire c'est
„l'universel, et l'universel n'existe qu'à la condition
„d'être démontré d'un objet quelconque dans le
„genre dont il s'agit et primitif dans ce genre.« [3]
Dans le livre II des Analytiques il devient plus
explicite encore : „une proposition n'est démontrée
„que quand elle l'est par son essence et l'essence
„c'est la cause.« [4]

Finalement donc l'idée de l'espèce dans le genre,
la définition, la forme substantielle, le primitif dans
le genre et la cause, par laquelle seule on connaît
et on démontre, se confondent dans la grande pensée

---

1) *Analyt. post.* lib. I cap. IV 1, 2.
2)   Idem.   lib. I cap. IV 5.
3)   Idem.   lib. I cap. IV 12.
4)   Idem.   lib. II cap. VIII 2.

du stagirite, et constituent une seule et même chose,
l'essence formelle. Confusion qui de prime abord
nous semble difficilement explicable. L'histoire de
la philosophie et surtout celle des sciences nous
dévoileront la petite part d'illusion et la grande
part de vérité qu'elle renferme.

Les règles aristotéliciennes de la démonstration
et de la découverte des causes se résument dans
les passages suivants :

1° „L'universel n'existe qu'à la condition d'être
„démontré d'un objet quelconque *dans le genre dont*
„*il s'agit et primitif dans ce genre;* ainsi valoir deux
„angles droits n'est pas universel à la figure, bien
„qu'on puisse démontrer d'une figure qu'elle vaut
„deux angles droits, mais ce n'est pas d'une figure
„quelconque, et de plus quand on démontre on ne
„prend pas non plus une figure quelconque, atten-
„du que le quadrilatère qui est bien aussi une fi-
„gure, n'a pourtant pas la somme des angles égaux
„à deux droits. Au contraire un isocèle quelconque
„a bien ses angles égaux à deux droits, mais l'iso-
„cèle n'est pas primitif ; car le triangle lui est an-
„térieur. [1])

2° „Dans toutes les sciences les principes sont
„spéciaux pour la plupart ; et *c'est à l'expérience à*
„*fournir les principes pour chacune d'elles.* Par exem-
„ple, l'expérience astronomique fournit les prin-
„cipes de la science astronomique, et ce n'est
„qu'après avoir *longtemps observé les phénomènes*
„*qu'on est arrivé aux démonstrations de l'astrono-*
„*mie.*" [2])

---

1) *Analyt. post.* lib. I. cap. IV 12.
2) *Analyt. prior.* lib. I cap. XXX 8.

8° „Ces connaissances des principes ne sont pas
„en nous, tout déterminées, *elles ne viennent pas non
„plus d'autres connaissances plus notoires qu'elles, elles
„viennent uniquement de la sensation*. A la guerre,
„au milieu d'une déroute, quand un fuyard vient
„à s'arrêter, un autre s'arrête, puis un autre en-
„core, jusqu'à ce que se réforme l'état primitif de
„l'armée, de même l'âme est ainsi faite qu'elle
„peut éprouver quelque chose de semblable.... au
„moment ou *l'une de ces idées, qui n'offrent aucune
„différence entre elles*, vient à s'arrêter dans l'âme,
„aussitôt l'âme a l'universel; l'être particulier est
„bien senti, mais la sensibilité s'élève jusqu'au gé-
„néral, c'est la sensation de l'homme, par exemple,
„et non pas de tel homme individuel, de Callias. [1]

Nous nous assurerons dans la suite qu'il n'existe
point de règles plus précises ou plus complètes de
la découverte des causes, mais perdues au milieu
des longues et minutieuses analyses des raisonnements syllogistiques, fondés en outre sur la confusion des formes substantielles et des causes des
choses, les règles du stagirite ne pouvaient être
comprises, et l'immense développement qu'il donna
à l'ensemble de sa doctrine acheva d'en voiler la
portée véritable.

Nous ne nous arrêterons pas à ses distinctions
de l'être en acte et de l'être en mouvement, de
l'être en entéléchie et de l'être suivant toutes les
catégories, ni même à sa théorie des causes finales.
Ces différentes questions, qu'il n'a soulevées et
résolues qu'au point de vue de sa confusion première, nous éloigneraient trop de notre sujet.

---

[1] *Analyt. post.* lib. II cap. XV 6. 7.

Contentons-nous pour le moment de relever dans ses règles les deux principes dont nous signalerons bientôt l'importance : que *la cause est le primitif du genre dont il s'agit*, et que l'induction donne le nécessaire, l'universel par la découverte *de ces idées qui n'offrent aucune différence entre elles.*

Influence de la doctrine d'Aristote au moyen-âge. La Grèce, impuissante à poursuivre la grande doctrine d'Aristote, revint aux idées de Platon, et tout le moyen-âge se perdit, à la suite de la confusion du stagirite, dans la vaine recherche de la valeur des idées générales. Si les écoles des nominalistes et des réalistes, Albert le Grand, Duns Scott, St. Thomas, Abeilard, malgré leurs efforts, ne parvinrent pas à résoudre la difficulté, ce fut l'effet de l'ensemble général de la philosophie si vaste d'Aristote, et non la conséquence de ses règles de la découverte des causes.

Ce fut sa doctrine, et non ces règles, qui dominèrent le développement scientifique de l'époque entière. C'est grâce à la théorie d'Aristote sur la matière sans forme que l'œuvre ténébreuse des alchimistes a pu se maintenir durant de si longs siècles et acquérir une apparence de forme scientifique ; c'est grâce encore à sa théorie sur les essences éternelles, les moteurs immobiles des mouvements des astres et du ciel, [1] que les Copernic, les Tycho-Brahé et les Kepler ont pu conserver leur foi dans l'astrologie et dans l'influence des esprits moteurs.

Aristote fut le grand instructeur de la période entière et l'action qu'il exerça prouve d'une manière éclatante que si la philosophie peut élever et

---

1) *Métaph.* liv. XII, VIII.

éclairer les esprits, elle peut et doit aussi les égarer dans la mesure de ses propres erreurs. Les
vérités partielles restent incomprises parce qu'elles
sont interprétées suivant les tendances générales
des doctrines.

Cette observation est tellement juste qu'au 16ᵐᵉ
siècle et alors que la philosophie aristotélicienne do-
minait encore dans toutes les écoles, des découvertes immortelles ont été faites d'après les règles
mêmes d'Aristote et sans que leurs auteurs ni les
philosophes de l'époque s'en soient douté.

Les découvertes scientifiques au 16ᵐᵉ siècle.

Lorsque Copernic, près d'un siècle avant Bacon,
démontra que la terre tournait autour du soleil,
que fit-il sinon découvrir que l'idée formée du
mouvement des autres planètes était identiquement la même que celle du mouvement de la terre ?
Kepler, lorsqu'il établit ses lois des ellipses, avait-
il cherché autre chose que les formules constantes,
uniformes, identiques, les idées sans différence
entre elles, suivant la règle d'Aristote, qui répondaient aux mouvements en apparence si multiples
et si complexes des astres ? Stevin en donnant les
lois du levier, Snellius en découvrant l'identité de
l'angle d'incidence et de l'angle de réflexion, obéirent encore et toujours à la même règle ; ils découvrirent l'un et l'autre, tout comme Copernic et
Kepler, des notions sans différence avec elles-
mêmes dans des données diverses. Mais ce fut
Galilée, par sa grande découverte des lois de la
chûte des corps, qui donna l'exemple le plus remarquable de la justesse des règles aristotéliciennes.
Les pierres tombent parce que les corps s'attirent
en raison directe des masses et en raison inverse

du carré des distances, c'est-à-dire, les pierres *tombent* parce que les parties de la matière, le primitif du genre dont il s'agit, la cause suivant Aristote, *tombent* les unes vers les autres en raison directe des masses et en raison inverse du carré des distances, idées les mêmes contenues de la même manière en chacune des parties de la matière.

Nous pourrions multiplier les exemples, examiner en détail toutes les grandes découvertes du 16ᵐᵉ siècle, les travaux de Cardan, Palissy, Porta, la découverte de Gilbert, qui classa les phénomènes électriques en résineux et vitreux, celles de Gesner, de Servet, de Vésale, nous retrouverions toujours l'application, tantôt de l'une, tantôt de l'autre règle d'Aristote, si incomplètes qu'elles puissent paraître encore pour le moment et si incompréhensibles qu'elles durent sembler à cette époque par suite de la confusion d'Aristote du primitif du genre, des idées sans différence avec elles-mêmes, des essences formelles et des définitions des choses.

Théorie de Bacon sur les causes et leur découverte. La philosophie suivit et ne précéda point le grand mouvement scientifique de la Renaissance. Bacon fit paraître en 1620 le *novum organum* en latin, et trois ans plus tard son grand ouvrage *de dignitate et augmentis scientiarum*. Il reconnut du reste en termes formels que c'est au progrès des sciences qu'il doit la pensée fondamentale de sa philosophie. »La plus grande partie du nouveau »monde a été découverte, tout le contour de l'an- »cien est connu, et la masse des expériences ou des »observations s'est accrue à l'infini.... ne serait-ce »pas une honte pour le genre humain d'avoir dé-

„couvert dans le monde matériel tant de contrées,
„de terres, de mers et d'astres et de souffrir en
„même temps que les limites du monde intellectuel
„fussent resserrées dans le cercle étroit de l'antiquité." [1])

Bacon suivit donc le mouvement scientifique du
16ᵐᵉ siècle, et reprit la question de la recherche
des causes et des règles de leur découverte au
point même où Aristote, par sa confusion, l'avait
laissée . „Il est une opinion accréditée et désormais
„invétérée, qui fait croire qu'il n'est point d'induc-
„tion humaine suffisante pour découvrir les formes
„essentielles ou les vraies différences des choses. [2])
„...... Les espèces telles qu'on les trouve au-
„jourd'hui multipliées par leurs combinaisons et
„leurs transformations, sont tellement croisées et
„mêlées les unes aux autres, qu'il faut ou renon-
„cer à toutes recherches dont elles sont l'objet
„ou les remettre à un autre temps et attendre
„pour le faire que les formes des natures simples
„aient été examinées et soient parfaitement con-
„nues." [3])

Quelles sont ces natures simples dont la recherche
doit remplacer celles des espèces, devenues trop
multiples et trop complexes? „En cherchant la
„forme du lion, du chien, de l'or ou même celle
„de l'eau ou de l'air, l'on perdrait ses peines;
„mais découvrir la forme de l'une ou de l'autre
„des natures exprimées par ces mots : dense, rare,
„chaud, froid, pesant, léger, pneumatique et autres

_____

1) Nov. organ. liv. II. XI—XIV.
1) Dignit. et accroiss. d. sc., liv. III p. 229.
8)   Idem.   liv. III p. 230.

„semblables manières d'être, soit modifications de
„la matière, soit mouvements que nous appelons
„formes de première classe qui, semblables en cela
„aux lettres de l'alphabet, ne sont pas en si grand
„nombre qu'on pourra le penser et qui ne laissent
„pas néanmoins de constituer les formes de toutes
„les substances et de leur servir de base." [1])

Le point de départ du chancelier est d'une grandeur incontestable, et son but ne sera pas moindre
que d'arracher enfin la philosophie à la vaine sophistique des écoles, à leurs subtilités sans terme
et sans consistance, pour en faire une science active
en transportant en elle, comme il nous le dit,
l'esprit vivifiant dont les arts mécaniques lui semblent pénétrés.

Malheureusement Bacon ne soupçonne pas qu'en
appelant formes de première classe, natures natu-
rantes, de simples idées générales, le dense, le rare,
le froid, le chaud, etc., il continue à accorder à ces
idées la même portée objective qu'Aristote aux
idées des espèces, les scolastiques aux universaux,
et commet absolument la même erreur. Ainsi
malgré l'opposition qu'il fait au stagirite ou
plutôt à sa doctrine dégénérée dans les écoles de
l'époque, Bacon ne s'élève pas au-dessus de lui
et se perd finalement dans les mêmes illusions que
les scolastiques en revenant à leurs distinctions et à
leurs définitions impossibles.

Son enthousiasme pour la beauté et la grandeur
des sciences est certainement admirable, et par
l'importance qu'il accorde à l'expériece il fait pénétrer un souffle nouveau dans la philosophie. Mais

1) Dignit. et accrois. d. sc. liv. III, 220

il ne recherche pas les lois intellectuelles qui régissent l'expérience comme telle, il prétend découvrir „les règles de l'art qui doit la diriger :" il ne se demande pas si le dense, le volatil, le froid, le chaud, sont vraiment des natures simples, mais il veut les définir et ne peut y arriver que par de vaines distinctions.

L'art qui doit aider l'expérience ne consiste pour lui „en rien moins que d'extraire des procédés déjà „connus d'autres procédés, des expériences déjà „faites d'autres expériences à la manière des em- „piriques; mais de déduire des expériences et des „procédés déjà connus les causes et les axiomes, „puis de ces causes et de ces axiomes, de nouvelles „expériences, de nouveaux procédés." [1] „Les or- „ganes des sens ont de l'analogie avec les organes „de l'optique. C'est ce qui a lieu dans la perspective, „car l'œil est semblable à un miroir ou aux eaux; „et dans l'accoustique l'organe de l'ouïe a de l'ana- „logie avec cet obstacle qui dans une caverne ar- „rête le son et produit un écho..... Un corps „de pareils axiomes, étant comme le sommaire, „comme l'esprit de toutes les sciences, personne „ne l'a encore composé, serait pourtant de tous les „ouvrages le plus propre à faire bien sentir l'unité „de la nature." [2]

Ce n'est cependant point par le recueil de semblables axiomes, tel que l'oreille ressemble à ce qui produit l'écho dans une caverne, qu'on fondera jamais une science quelconque, et Bacon s'abandonne à d'étranges illusions, quand il nous assure «que

---

[1] Nov. organ. liv. I, CXVII.
[2] Dignit. et accroiss. d. sc. liv. III p. 206.

„les vrais axiomes une fois découverts, ils traînent
„après eux des légions de procédés nouveaux, une
„science nouvelle, dont la fin sera peut-être telle que
„dans l'état des choses et des esprits, les hommes
„pourraient à peine l'embrasser.« [1]) Les cercles de
Raymond Lulle, qui apprenaient à parler et à dis-
cuter de toutes choses sans les connaître, avaient
eu absolument le même but.

Dans les règles que donne le chancelier de la
découverte et de la définition des natures simples,
il n'est guère plus heureux.

„1° On commence par soumettre à l'intelligence
„la série de tous les exemples connus qui s'appliquent
„à une même nature, quoiqu'elle existe dans des
„matières dissemblables.“

„2° Il faut présenter à l'entendement et comme
„en parallèle des exemples tirés de sujets qui soient
„privés de la nature donnée, mais en se bornant
„aux exemples simplement négatifs avec les exemples
„affirmatifs.“

„3° Il faut faire comparaître devant l'entende-
„ment les exemples où la nature qui est l'objet de
„la recherche se trouve à différents degrés, en ob-
„servant ses accroissements et ses décroissements,
„soit dans un sujet comparé à lui-même, soit en
„différents sujets comparés entre eux.“

„4° Il faut rejeter et exclure successivement
„chacune des natures qui ne se trouvent point dans
„l'exemple où la nature donnée est présente, ou
„qui se trouvent dans quelque exemple où cette
„nature est absente, ou encore qui croissent dans
„les sujets ou cette nature est décroissante, ou

---

[1]) Dignit. et accroiss. d. sc. liv. III p. 206.

„enfin qui décroissent dans ceux où cette nature
„est croissante. Alors seulement en seconde ins-
„tance, après les exclusions ou rejections conve-
„nables, toutes les opinions volatiles s'en allant en
„fumée, restera au fond du creuset la forme affir-
„mative véritable, solide et bien limitée." [1])

Stuart Mill donnera une forme plus précise à ces
règles de Bacon; nous y reviendrons à l'occasion
de sa doctrine. Le chancelier les suivit rigoureusement dans la définition qu'il donna de la chaleur
et montra, par son propre exemple, combien elles
étaient illusoires. Il distingua le chaud du froid,
tandis que la science devait les identifier; de même
le dense et le volatil disparurent comme natures
simples, par les découvertes de Toricelli et de Pascal, tandis que des corps, tels que l'or, qui parai-
ssaient au chancelier des natures complexes, devaient
prendre le caractère de corps simples. Tous ces
progrès furent réalisés dans les sciences, non pas
en suivant les règles de Bacon, mais bien au contraire en suivant celles d'Aristote, ainsi que nous
le verrons.

Nous n'en devons pas moins au chancelier un
immense progrès en philosophie; non seulement
il appela l'attention sur les sciences concrètes,
sur leur importance, leur grandeur, mais encore il
essaya de définir la véritable induction, celle qui
donne l'universel, le nécessaire qu'Aristote avait
décrite par son image de l'armée en déroute. Mais
Bacon ne comprit point la pensée du stagirite,
les abus des scolastiques lui en voilaient le sens
profond. Il revint donc à l'induction de Platon,

---

[1] Nov. organ. liv. II. XI—XIV.

2

comme il nous le dit lui-même, et au lieu de se servir de l'induction, comme le grand disciple de Socrate, pour découvrir les idées immortelles, il s'efforça de l'appliquer aux données expérimentales afin de parvenir à rendre toute chose d'accord avec elle-même et avec les autres. C'était la définition de la vérité et non celle de l'induction, dont les caractères véritables lui échappèrent. Aussi, malgré sa vaste conception des sciences et la classification qu'il en tenta, revint-il aux subtilités et aux raisonnements des scolastiques : „Nous laissons au „syllogisme et aux démonstrations si fameuses et „si vantées de cette espèce leur juridiction dans les „arts populaires qui roulent sur l'opinion ;" lesquels sont pour lui la „morale, la „politique, la „religion". Dans sa lettre au P. Barazan, il abandonne encore au syllogisme les „mathématiques" et la „physique", après la découverte des formes premières et des axiomes.

La doctrine cartésienne.

Descartes, instruit par l'exemple de Bacon, fit un pas de plus. Au lieu de s'égarer dans la recherche de la définition des principes premiers des choses, il s'attacha à ceux de notre intelligence, et proclama, non plus les natures, mais les idées simples comme le fondement de la science et de la certitude. J'ai l'idée de Dieu, donc il est ; je pense, donc je suis ; je me pense un et indivisible, donc je suis sans parties et sans étendue. Quant à la matière, — tout l'univers — nous ne la connaissons que par cela seul qu'elle est étendue, et toutes les propriétés que nous apprenons distinctement en elle se rapportent à ce qu'elle peut être divisée et mue selon ses parties. [1] La théorie des tourbillons en dériva, et,

---

1) Les Princip. 1re partie.

bien que la science de nos jours tende de plus en plus à revenir à la pensée cartésienne, à réduire tous les phénomènes à des lois de l'étendue et du mouvement, les tourbillons n'en furent pas moins une hypothèse vaine. La loi de causalité, dont elle fut une application, demeura incomprise de Descartes. L'hypothèse de l'âme sans étendue et de son action sur le corps étendu, qu'il chercha à faire comprendre par le mouvement des esprits vitaux, lui resta aussi bien qu'à ses successeurs, inintelligible. Elle implique contradiction. Nous ne pouvons ni penser ni comprendre un rapport de quelque nature qu'il soit entre une chose et une autre, qui en est la négation. L'hypothèse de Descartes est de plus contraire à la règle aristotélicienne de la découverte des causes, de celle du primitif du genre dont il s'agit, car il ne saurait y avoir communauté de genre ni par suite de rapport intelligible de causalité entre l'âme inétendue et la matière étendue. L'hypothèse de Descartes l'empêcha de pénétrer les conditions intellectuelles de la découverte des causes. Pour en établir la moindre règle, il aurait dû briser le principe fondamental de sa doctrine, les idées simples comme source de la science et de la certitude.

Malebranche s'imagina concilier l'action de l'âme inétendue sur le corps étendu en inventant les causes occasionelles, et transporta non seulement la vision mais encore la difficulté en Dieu. L'action de l'être absolu sur l'être relatif, de l'être infini, éternel sur l'être qui est fini et qui passe, implique absolument la même contradiction que

Les doctrines de Malbranche et de Spinoza.

l'action de l'être inétendu sur l'être étendu. On ne sait qu'on sait, nous a dit Aristote, que par la découverte des causes, et la cause intelligible, ainsi que nous nous en assurerons, est toujours le primitif du genre dont il s'agit.

Spinoza chercha la solution dans la définition de la substance. C'était revenir à la confusion d'Aristote, à celle de l'essence formelle et de l'essence substantielle des êtres, de la substance avec la cause. On peut certainement démontrer par la voie des abstractions que la notion de substance implique celle de cause ou que l'une suppose l'autre. Au point de vue de la science réelle, nous ignorons aussi bien les caractères primitifs de la substance que la succession de tous les phénomènes qui en dérivent. Abstraire et confondre ne sont point savoir.

Néanmoins la forme sous laquelle la philosophie moderne devait de plus en plus éclaircir la question de la loi de causalité, se trouvait nettement formulée. C'est dans le moi et dans les idées évidentes par elles-mêmes que les successeurs de Descartes en rechercheront l'origine, le sens et la portée.

La théorie de Locke.

Locke procède de Descartes et non de Bacon, comme on l'a si souvent et si gratuitement affirmé. »Quelque loin, nous dit-il, que l'induction humaine »puisse porter la philosophie expérimentale sur des »choses physiques, je suis tenté de croire que nous »ne pourrons jamais parvenir sur ces matières à une »connaissance scientifique«. Et, tandis que Bacon nous assure que cette science subtile que la pensée tire d'elle-même ressemble à ces toiles si fines et

sans consistance que l'araignée tire de son propre
corps, Locke déclare : „si nous allons chercher
„une certitude générale dans des expériences et des
„observations hors de nous, dès lors notre connais-
„sance ne s'étend point au delà des faits particu-
„liers ; c'est la contemplation seule de nos propres
„idées abstraites qui peut nous fournir une science
„générale". [1]) Mais si Locke admet entièrement le
point de départ de Descartes, il ne conclut pas avec
lui que les idées simples nous sont en quelque
sorte innées.

Ses arguments contre les idées innées sont nombreux et connus : „les enfants, les idiots, les sauvages ne les connaissent point ; et là où il n'y a
point d'idées il ne peut y avoir aucune connaissance,
aucun assentiment, aucunes propositions mentales
ou verbales concernant les idées ; quant à leur universalité, elle ne prouve rien pour elles, car le
doux et l'amer, le chaud et le froid ne sont pas
moins universellement connus ; enfin, Dieu ayant
doué l'homme des facultés de connaître, n'était pas
plus obligé par sa bonté à graver dans l'âme les
idées innées, qu'à lui bâtir des ponts ou des
maisons....... Il n'y a donc pas d'idées innées,
toutes les considérations combattent cette hypothèse : [2]) „Mais elles ont deux sources, continue
„Locke, l'impression que les objets extérieurs font
„sur nos sens et les propres opérations de l'âme
„concernant ses impressions, sur lesquelles elle ré-
„fléchit comme sur les véritables objets de ses
„contemplations. Ainsi, la première capacité de

1) Essai liv. IV III.
2) id. liv. I III.

„l'entendement humain consiste en ce que l'âme est
„propre à recevoir les impressions qui se font sur
„elle, ou par les objets extérieurs à la faveur des
„sens, ou par ses propres opérations lorsqu'elle ré-
„fléchit sur ces opérations." [1]

Locke partage ensuite, selon cette double origine,
nos idées en idées simples et en idées complexes,
et distingue les qualités des choses, selon qu'elles
répondent aux premières ou aux secondes, en qualités premières ou secondes. Il conclut : „Nous avons
„une connaissance intuitive de notre existence, et
„une connaissance démonstrative de Dieu. Pour
„l'existence d'aucune autre chose, nous n'avons point
„d'autre connaissance qu'une connaissance sensitive,
„qui ne s'étend pas au delà des objets présents
„à nos sens". [2]

La conséquence, la moins remarquée et la plus
importante néanmoins au point de vue où s'était
placé Locke, se rapporte aux axiomes : „l'évidence
étant inhé.. onte aux idées simples, les axiomes
sont inutiles dans les démonstrations, et n'ajoutent
rien à l'évidence de l'idée." En effet, les maximes,
les formules, les règles, les principes de certitude,
nous ne les composons, suivant lui, que par le
moyen des idées simples qui sont les matériaux
de toutes nos connaissances ; les axiomes ne peuvent
donc aussi avoir d'autre évidence que celle qu'ils
leur empruntent. Ainsi Locke renouvelle l'opinion
d'Aristote sur les principes communs, par lesquels
on ne saurait démontrer quelque chose que de
la manière dont Bryson prouvait la quadrature

---

1) Essai liv. II, chap. I.
2) id. liv. IV, chap. III.

du cercle; mais le philosophe anglais le fait en déduisant l'évidence des axiomes de celle propre aux idées simples, tandis qu'Aristote rapportait toute démonstration à l'essence formelle. Les notions simples, dit Locke, étant premières et évidentes par elles-mêmes, elles ne sauraient recevoir leur évidence des axiomes; au contraire, ce sont ceux-ci, formulés seulement à l'âge de raison, qui reçoivent la leur de l'évidence propre aux idées dont ils se composent. ,,Un enfant est aussi sûr ,,que le doigt est plus petit que la main, que la ,,partie est plus petite que le tout; et nous ne ,,pouvons démontrer et savoir véritablement que ,,là où il y a concordance de nos idées entre ,,elles.'' [1])

Dans l'axiome cependant, point d'effet sans cause, l'idée de cause paraît beaucoup plus obscure que celle d'effet, et aucune des deux idées par elles-mêmes ne nous enseigne quoi que ce soit sur la concordance qui existe si évidemment entre elles.

Hume établira, au siècle suivant, les dernières conséquences de la doctrine de Locke.

En attendant, Leibnitz répondit à Locke: ,,Quand ,,même les principes les mieux établis ne seraient ,,point connus, ils ne laisseraient pas d'être innés, ,,parce qu'on les reconnaît dès qu'on les a entendus. ,,Mais j'ajouterai encore que dans le fond tout le ,,monde les connaît et qu'on se sert à tout moment du principe de contradiction, par exemple, ,,sans le regarder distinctement. Il n'y a point de ,,barbare qui, dans une affaire qu'il trouve sérieuse,

La théorie de Leibnitz.

---

1) Essai liv. IV, chap. I.

,,ne soit choqué d'un menteur qui se contredit‘‘. [1]
,,Dans ce sens on doit dire que toute l'arithmé-
,,tique et toute la géométrie sont innées et sont en
,,nous d'une manière virtuelle, en sorte qu'on peut
,,les y trouver en considérant attentivement et ran-
,,geant ce qu'on a déjà dans l'esprit sans se servir
,,d'aucune vérité apprise par l'expérience ou par la
,,tradition d'autrui‘‘. [2] Le second argument de
Leibnitz est plus important encore : ,,Il est incon-
,,testable que les sens ne suffisent pas pour faire
,,voir la nécessité et qu'ainsi l'esprit a une dispo-
,,sition particulière (tant active que passive) pour
,,les tirer de lui-même de son propre fond, quoi-
,,que les sens soient nécessaires pour lui donner de
,,l'occasion et de l'attention pour cela, et pour les
,,porter plutôt aux unes qu'aux autres.... Quelque
,,nombre d'expériences particulières qu'on puisse
,,avoir d'une vérité universelle, on ne saurait rien
,,assurer pour toujours par l'induction, sans en con-
,,naître la nécessité par la raison‘‘. [3] ,,Il n'est
,,rien dans l'âme qui ne vienne des sens, mais il
,,faut excepter l'âme et ses affections‘‘. [4] ,,Nos rai-
,,sonnements sont fondés sur deux grands principes,
,,celui de la *contradiction*, en vertu duquel nous ju-
,,geons faux ce qui en enveloppe, et vrai ce qui
,,est opposé au contradictoire, et celui de la *rai-*
,,*son suffisante*, en vertu duquel nous considérons
,,qu'aucun fait ne saurait se trouver vrai ou exis-
,,tant, aucune énonciation véritable, sans qu'il y
,,ait une raison suffisante pourquoi il en soit ainsi

1) Nouv. Ess. sur l'int. liv. I, § 4,
2)   ibid.   liv. I, § 5.
3)   ibid.
4)   ibid.

„et non pas autrement, quoique ces raisons le plus
„souvent ne puissent pas nous être connues". [1]

Mais Leibnitz, tout en reconnaissant à la fois la
grande importance de la loi de causalité et la nécessité de la dériver des actes propres à notre intelligence, ne put aller plus loin dans ses analyses. Pour lui, comme pour Descartes, son hypothèse de la monade, de l'action de la chose sans
étendue sur la chose étendue, entraîna les mêmes
impossibilités, la même contradiction. Il ne put
pas plus songer que son prédécesseur à établir les
règles qui dérivent de l'axiome de causalité. Loin
de là, pour y échapper, il inventa l'harmonie préétablie, revenant sous une autre forme aux causes
occasionnelles de Malebranche.

Ni Descartes ni Leibnitz ne formulèrent de règles
de la découverte des causes, et cependant ils nous
donnèrent tous deux des exemples remarquables
de la justesse des règles en apparence si imparfaites
et si obscures d'Aristote. Le premier renouvela la
découverte de Snellius de l'identité des angles
d'incidence et des angles de réfraction, et trouva,
comme celui-ci, dans deux phénomènes différents,
le rayon d'incidence et le rayon de réfraction,
l'idée la même de l'angle contenu en eux suivant
la formule d'Aristote. Descartes obéit encore à la
même règle dans sa grande découverte de la géométrie analytique, en percevant les idées les mêmes,
les rapports d'identité, qui existent entre les grandeurs algébriques et les grandeurs géométriques.

Vers la même époque Toricelli trouva encore l'idée

La
science
au
17ᵐᵉ siècle.

---

1) Disc. de la confirm. de la foi p. 49, édit. Charp.

sans différence avec elle-même, le rapport d'identité, entre le poids de la colonne de mercure dans un tube de verre soulevé et celui de la colonne d'eau dans les tuyaux des pompes, et il conclut à un poids identique de la couche atmosphérique. Pascal poursuivit la découverte de Toricelli, toujours d'après la même règle, et mesura les hauteurs suivant leurs rapports d'identité avec la hauteur de la colonne mercurielle, remontant, en même temps à la cause véritable du phénomène, au primitif du genre dont il s'agissait, la densité de l'air.

Pascal dans sa découverte du calcul des probabilités, Leibnitz et Newton dans celle du calcul intégral, ne firent que suivre les mêmes règles aristotéliciennes. Les notions de grandeurs probables, tout comme celles de grandeurs infiniment petites ou infiniment grandes, revenant toujours de la même manière et constituant chacune en son genre des idées sans différences avec elles-mêmes, peuvent être assujetties au calcul et à toutes ses forme de la même façon que les nombres et les grandeurs déterminées de l'arithmétique et de la géométrie.

Ce fut toutefois par la découverte de la gravitation que les règles d'Aristote devaient recevoir, au 17me siècle, leur plus éclatante application. Malgré toutes les études, les observations, les recherches, auxquelles Newton dut se livrer avant de faire son immortelle découverte, celle-ci ne s'en réduit pas moins en dernière analyse à la perception d'un rapport d'identité entre les lois de Galilée sur la chûte des corps et celles de Kepler sur les mouvements célestes, c'est-à-dire elle se réduit à la conception d'une idée la même contenue en chacune de ces donnée en apparence si différentes. Ce fut l'idée de la gravitation et sa découverte.

Ce serait entreprendre l'histoire entière des progrès de la science au 17ᵐᵉ siècle, si nous voulions nous arrêter aux découvertes de Harvey, de Salomon de Caus, d'Otto de Guericke, de Lemery, Mariotte, Huyghens, Denis Papin. Leurs inventions ainsi que leurs découvertes portèrent forcément les mêmes caractères, elles obéirent tantôt à l'une, tantôt à l'autre des deux grandes règles du stagirite. Nous en donnerons l'explication et la preuve dans la seconde partie de cette étude.

Pour le moment nous devons nous contenter de constater, dans ce simple résumé, que Descartes, Leibnitz, Pascal, Newton nous démontrent par leur exemple que les sciences, dans leurs progrès, obéirent à l'impulsion donnée par le 16ᵐᵉ siècle et non pas aux inspirations de leurs propres doctrines. La philosophie poursuivit sa voie particulière.

Entre les affirmations de Locke, que toutes nos idées ne proviennent que des sensations et que les axiomes ne démontrent rien, et celles de Leibnitz que la pensée renferme en elle la source des vérités nécessaires et que les raisonnements sont fondés sur les axiomes de la contradiction et de la raison suffisante, toute conciliation paraissait impossible.

La philosophie au 18ᵐᵉ siècle. La théorie de la causalité de Hume.

Deux écoles, celle des idéalistes et des sensualistes naquirent des deux doctrines. Les uns répétèrent et développèrent les arguments du célèbre philosophe anglais, les autres poursuivirent ceux du grand penseur allemand, lorsqu'apparurent Hume d'abord Kant ensuite, qui réduisirent à néant, au point de vue de chacune des deux écoles, les tentatives et les efforts des uns comme des autres.

Hume croit devoir »hasarder cette proposition »qu'il n'y a pas un seul cas assignable où la con- »naissance du rapport qui est entre la cause et l'effet »puisse être obtenue *a priori.* Cette connaissance »est uniquement dûe à l'expérience qui nous montre »certains objets dans une liaison constante.«[1] »Cette »proposition est admise sans difficulté, toutes les »fois que nous nous souvenons du temps où les »objets dont il s'agit, étaient entièrement inconnus, »puisqu'alors nous nous rappelons nécessairement »l'incapacité totale où nous étions de prédire, à »première vue, les effets qui en doivent résulter. »Montrez deux pièces de marbre poli à un homme »qui a autant de bon-sens qu'on en peut avoir, »mais qui n'a aucune teinte de physique, il ne dé- »couvrira jamais qu'elles s'attacheront l'une à l'autre »avec une force qui ne permettra pas de les sé- »parer en ligne directe.«[2] »La foi que nous ajou- »tons aux faits ou à la réalité des objets existants, »dépend entièrement de deux choses : de la per- »ception d'un objet par les sens ou la mémoire, et »de sa liaison habituelle avec d'autres objets. Quand »on a vérifié, par plusieurs exemples, que deux »choses de différentes espèces, comme la flamme et »la chaleur, la neige et le froid, sont constamment »jointes ensemble, notre âme contracte la coutume »d'attendre du chaud ou du froid tous les fois que »le sens de la vue est frappé de nouveau par le »feu ou la neige, et de croire que ces qualités se

---

1) Essais liv. IV.
2) Idem.

„manifestent à l'approche de ces objets. Cette
„croyance est un résultat nécessaire des circonstances
„où l'âme se trouve placée : les sentiments d'amour
„et de haine ne résultent pas plus immanquablement
„des bienfaits et des injures. Ce sont là des espèces
„d'instincts naturels qu'aucune suite de pensées,
„aucun acte de l'entendement ne sauraient ni pro-
„duire ni réprimer.« [1])

Ces observations de Hume sont parfaitement
justes, en admettant que toutes nos pensées proviennent de nos sensations, qui ne nous présentent, en effet, d'autre liaison entre les phénomènes
que celle de leur succession ou de leur simulta-
néité.

Les philosophes de l'école idéaliste ont vivement
reproché à Hume ses opinions, comme étant la négation de toute science et de toute certitude. Ils n'ont
point observé que Hume n'y était arrivé que parce
qu'il appliquait aux phénomènes sensibles les idées
abstraites de cause et d'effet, suivant l'exemple de
Locke, qui croyait que les idées simples donnaient
naissance aux axiomes et n'en provenaient point.
Ne découvrant pas plus que les philosophes de
l'école idéaliste, le rapport qui existait entre l'idée
de cause et l'idée d'effet, il en conclut fort naturellement que leur rapport dans nos sensations
n'était que celui d'une succession constante. Il nous
le dit en termes formels : „Pour récapituler en
„peu de mots : tout effet est un évènement distinct
„et séparé de sa cause, il ne peut donc être aperçu
„dans sa cause, et les idées qu'on s'en voudra for-
„mer *a priori* sont arbitraires. Et lors même que

---

1) Essai liv. V.

,,cet effet sera connu, sa liaison avec la cause doit
,,paraître également arbitraire, puisque l'entende-
,,ment concevra toujours un grand nombre d'autres
,,effets tout aussi naturels et qui ne répugnent pas
,,davantage".

Etrange raisonnement! les idées de cause et
d'effet ne nous enseignent rien des rapports qui
unissent les effets à leurs causes dans le monde
concret, donc nos sensations ne nous en montrent
que la succession régulière. Poussé à ce degré,
c'est par excès d'idéalisme que pèche le sceptique
philosophe anglais et non par excès de sensualisme.

Les animaux observent la succession des phénomènes tout comme les hommes, et ils en conservent
la mémoire, sans faire cependant de découvertes,
sans créer des sciences. Il faut donc qu'il existe,
sinon dans les idées de cause et d'effet, du moins
dans l'intelligence des hommes un mobile quelconque
qui puisse rendre compte de cette différence; il
faut qu'il y ait une raison, quelle qu'elle soit, qui
puisse expliquer leurs progrès dans les sciences
et leurs découvertes en dehors de la simple succession des phénomènes.

La théorie de la causalité de Kant. Kant reprit la doctrine de Hume au point de vue
idéaliste; Les concepts purs, les idées *a priori*
n'existent, selon lui, que dans notre pensée, et il
les distingue, selon que nous les considérons en
elles-mêmes ou que nous les appliquons aux phénomènes de la sensibilité, en noumènes et en chêmes.
,,Aucune image, dit-il, d'un triangle quelconque, ne
,,pourrait jamais être adéquate au concept d'un
,,triangle en général: jamais elle n'atteindrait la
,,généralité du concept qui vaut pour tous les

,,triangles, rectangle, isocèle, etc. Le schème du
,,triangle ne peut exister que dans la pensée." [1])
,,Ainsi tout concept intellectuel renferme l'unité
,,synthétique pure de la diversité en général." [2])
,,Le *chème* de la substance est la permanence du
,,réel dans le temps ; le *chème* de la cause ou de
,,la causalité d'une chose en général est le réel qui,
,,posé à volonté, est toujours suivi de quelque autre
,,chose. Il consiste donc dans la succession de la
,,diversité en tant qu'elle est soumise à une règle." [3])
C'était l'opinion de Hume exprimée sous une forme
plus parfaite.

Kant fait en outre de la loi de causalité un
axiome dynamique et l'oppose aux axiomes mathé-
mathiques, ,,qui seuls, selon lui, ·sont absolument
,,nécessaires, c'est-à-dire qu'ils prononcent apodic-
,,tiquement, tandis que les axiomes dynamiques, s'ils
,,emportent aussi le caractère d'une nécessité *a*
,,*priori*, ce n'est que sous la condition d'une pen-
,,sée empirique, dans une expérience, par consé-
,,quent d'une manière médiate et indirecte". [4])

Cette dernière manière de voir n'est juste qu'à
la condition d'accepter la formule que Kant donne
de l'axiome : tous les changements arrivent suivant
les lois de la liaison de la *cause* et de *l'effet*. Elle
n'explique en aucune façon la formule donnée par
Leibnitz de l'axiome de causalité : toute chose suppose sa raison suffisante, ou tout effet sa cause,
voire les axiomes des mathématiques.

Kant intervertit les termes de l'axiome, et lui fait

1) Crit. de la Rais. liv. II, p. 198.
2)   Ibid.   liv. II, p. 195.
3)   Ibid.   liv. II, p. 202, 203.
4)   Ibid.   liv. II, p. 232.

perdre, à son insu, quelque chose de son évidence spontanée et par suite de sa nécessité; il y est forcé par sa théorie du chématisme des concepts purs. Il explique du reste parfaitement sa pensée ; ,,Qu'il ,,arrive quelque chose, c'est-à-dire, que quelque ,,chose ou un état qui n'était pas auparavant sur-,,vienne, c'est ce qui ne peut être perçu empiri-,,quement dans le cas où il n'y a pas auparavant ,,un phénomène qui contienne cet état, car une ,,réalité qui suit un temps vide, par conséquent ,,une naissance que ne précède aucun état des ,,choses, est aussi peu appréhensible que le temps ,,vide lui-même. Toute appréhension d'un certain ,,événement est donc une perception qui en suit ,,une autre". [1] ,,Supposons, dit-il encore, qu'un ,,événement ne soit précédé de rien qu'il puisse ,,suivre conformément à une loi; alors toute succes-,,sion de la perception ne serait que dans l'appré-,,hension, c'est-à-dire d'une manière subjective seu-,,lement, et il ne serait pas du tout décidé objec-,,tivement par là quelle chose doit suivre dans les ,,perceptions. Nous n'aurions de cette manière ,,qu'un jeu de représentations qui ne se rapporteraient ,,à aucun objet : c'est-à-dire qu'un phénomène ne ,,différerait point par notre perception de tout ,,autre, quant au rapport de temps, parce que ,,la succession dans l'acte d'appréhender est par-,,tout la même, partout identique, et qu'il n'y a ,,rien dans le phénomène qui la détermine de ma-,,nière à en faire une succession certaine et comme ,,objectivement nécessaire..... Quand donc nous ,,voyons quelque chose arriver, nous supposons tou-

1) Crit. d. l. Rais. pure, liv. II, p. 278.

„jours alors que quelque autre chose précède, après „quoi vient suivant une loi ce qui arrive. Car au„trement je ne pourrais pas dire d'un objet qu'il „suit, attendu que la simple succession dans mon „appréhension, si elle n'est pas déterminée par une „règle relativement à quelque chose de précédent, „n'autorise aucune succession dans l'objet." [1]

Ces observations de Kant sont parfaitement justes. Si nous ne supposions pas que les effets succèdent à leurs causes suivant une règle, nous attribuerions à tous les effets toutes les causes possibles. Mais Kant, en interprétant la loi de causalité de cette manière, ne se rend pas compte de l'impossibilité où il se met de découvrir cette règle. Si, d'après sa formule de la loi intellectuelle, l'effet succède à la cause suivant une règle, cette règle est impliquée dans l'existence de la cause et échappe complètement, dans l'appréciation que nous pouvons en faire, à la perception que nous avons de l'effet. Mais Kant ne put songer à voir cette difficulté. Son chématisme l'en empêchait. „Il con„siste, nous dit-il, dans la succession de la diver„sité en tant qu'elle est soumise à une règle.... „car une réalité qui suit un temps vide, par con„séquent une naissance que ne précède aucun état „des choses, est aussi peu appréhensible que le „temps vide lui-même"; mais par le fait aussi de cette succession de la diversité suivant une règle, la notion de cause qu'elle présuppose reste aussi vide que celle du temps elle-même.

Il en résulta forcément que Kant, malgré la critique fort judicieuse qu'il fit de la théorie de

---

1) Crit. d. l. Rais. pur., liv. II, 281, 282, trad. Tissot.

Hume, revint finalement à cette dernière et aboutit à sa célèbre antinomie contenue dans la notion de cause :

„Ma théorie, dit-il, semble contredire toutes les „remarques qu'on a toujours faites sur la marche „de notre entendement ; suivant ces remarques, nous „aurions d'abord été conduits par les successions „perçues et comparées de plusieurs événements con„cordant avec les phénomènes précédents, à conce„voir une règle suivant laquelle certains événe„ments succèdent toujours à certains phénomènes ; „ce qui nous aurait enfin portés à nous faire le „concept de cause. De cette manière ce concept „serait purement empirique, et la règle qu'il donne „que tout ce qui arrive a une cause, serait fortuite „comme l'expérience elle-même ; sa généralité et sa „nécessité ne seraient alors que fictions et n'au„raient aucune valeur vraiment universelle, parce „qu'elles ne seraient pas fondées *a priori*, mais seu„lement sur l'induction." [1]

En adressant ces observations à Hume et à son école, Kant ne s'aperçoit pas que sa propre opinion se réduit à un véritable cercle vicieux par l'explication qu'il donne lui-même de la règle qui détermine d'une manière *a priori* et nécessaire la succession de l'effet à sa cause : „Si donc c'est une loi „nécessaire de notre sensibilité, par conséquent *„une condition formelle* de toutes les perceptions „que le temps qui précède détermine nécessairement „celui qui suit (puisque je ne puis arriver au temps „qui suit que par celui qui précède), c'est encore „une loi inévitable de la *représentation empirique*

---

[1] Crit. d. l. Rais. pure, liv. II, p. 283.

„de la succession que les phénomènes du temps
„passé déterminent toutes les existences dans le
„temps qui suit, et que ces phénomènes, comme
„événements, n'aient lieu qu'autant que d'autres évé-
„nements les ont déterminés, quant à l'existence
„dans ce temps, c'est-à-dire les ont fixés suivant une
„règle. *Car nous ne pouvons connaître empiriquement*
„*cette continuité dans l'enchaînement des temps que dans*
„*le phénomène*" : [1])

Si nous ne pouvons connaître empiriquement
la continuité dans l'enchaînement des temps que
par le phénomène, ce n'est évidemment aussi que
dans et par le phénomène que nous pouvons
remonter à sa cause, et si la règle *a priori* nous
assure que *le phénomène a été fixé par sa cause dans*
le temps suivant une règle, cette règle aussi ne dit
autre chose que pour découvrir la cause d'un effet,
il faut découvrir la cause de cet effet.

Or, Kant nous assure, dans des termes à peu
près identiques à ceux de Hume, qu'on ne peut
s'élever du concept de l'effet à celui de sa cause.
„Car on ne peut aller, nous dit-il, d'un objet et
„de son existence à l'existence d'un autre ou à
„sa manière d'être par les seuls concepts de ces
„choses de quelque façon qu'on en fasse l'analyse." [2])
Ce qui fut absolument l'opinion de Hume.

Reste, suivant Kant, le concept pur de cause
qui, lorsqu'il n'est pas appliqué comme chème à
la succession de l'effet à sa cause suivant une règle,
constitue, considéré en lui même, un *noumène,* dont
la réalité objective est indémontrable, et conduit à

---

1) Crit. d. l. Rais. pure, liv. II, p. 312.
2) Ibid.   liv. II, p. 312.

une antinomie insoluble parce qu'il échappe à l'expérience.

„*Thèse* : La causalité d'après les lois de la na-
„ture n'est pas la seule dont nous puissions déri-
„ver tous les phénomènes du monde, il est néces-
„saire d'admettre encore une causalité per liberté
„pour l'explication de ces phénomènes.“

„*Antithèse* : Il n'y a pas de liberté, mais tout dans
„le monde arrive suivant les lois naturelles.“ [1])

Kant donne la preuve de la thèse ainsi que celle
de l'antithèse et les considère comme également
légitimes ; il eût été peut-être plus juste de les
envisager toutes deux comme également contraires
aux principes qu'il avait lui-même formulés.

„La loi de causalité consiste dans la succession
„de la diversité suivant une règle, nous assure-t-il
„plus haut, et on ne peut aller d'un objet et de
„son existence à l'existence d'un autre ou à sa ma-
„nière d'être par les seuls concepts de ces choses de
„quelque façon qu'on on fasse l'analyse.“ Comment
se fait-il en ce cas qu'il puisse vouloir démontrer
que la liberté existe, puisqu'on ne peut remonter de
la notion que nous en avons à celle d'une causalité
susceptible de se décider par soi-même de quelque
façon qu'on en fasse l'analyse ? — Et comment peut-il
vouloir démontrer que tout dans le monde arrive
suivant des lois naturelles, puisque la loi de causalité
ne consiste que dans la succession de la diversité
suivant une règle, et qu'elle nous laisse dans une
ignorance complète aussi bien au sujet de la
succession de cette diversité que de sa règle ?

Pour que l'antinomie, que nous signale Kant,

---

1) Crit. d. l. Rais. pure, deux. part., liv. I, p. 590 et 598.

à propos de la loi de causalité, fût inhérente à la raison humaine, il faudrait, pour cette antinomie comme pour toutes les autres, que notre pensée fût à la fois sujette et non sujette aux mêmes lois intellectuelles. Nous ne pouvons pas plus admettre qu'une chose puisse être et n'être pas à la fois, que nous ne pouvons concevoir que les preuves d'une thèse et de son antithèse soient également légitimes.

Le fait est tellement absolu que Kant lui-même chercha dans la *Raison pratique*, à donner une solution à son antinomie par l'impératif catégorique, et que tous ses successeurs n'eurent d'autre objet que d'échapper au scepticisme de la *Critique de la Raison pure*.

Il en résulta que la philosophie de Kant n'eut aucune influence sur la science de son temps, et que les doctrines de ses disciples exercèrent au contraire une action réelle sur l'esprit scientifique de leur époque.

La philosophie de Hume par contre, plus franche et moins profonde, acquit une très grande popularité, surtout en France, parmi les partisans de la libre pensée. Sa théorie des causes n'explique cependant pas la moindre découverte des sciences dans ce siècle.

On se servit de la doctrine de Hume comme de tant d'autres armes, plus ou moins sérieuses, pour combattre les traditions historiques et religieuses, de la même manière qu'on s'est servi des tendances du 18ᵐᵉ siècle vers une émancipation politique et religieuse pour expliquer les progrès scientifiques de l'époque.

C'est ainsi qu'on s'est efforcé à rendre compte des grandes découvertes du 16ᵐᵉ siècle par l'esprit de la Renaissance et celui de la Réforme. On peut faire aisément sur ce genre de données des dissertations aussi éloquentes que diffuses. La perte d'une illusion ne donne pas plus la conquête d'une vérité, que la disparition de toutes les croyances du monde ne conduit à la moindre découverte nouvelle.

Aussi la science, en dépit des spéculations des libres penseurs, continua-t-elle tranquillement son œuvre en poursuivant les progrès du 17ᵐᵉ siècle. Stahl reconnut l'existence de corps indécomposables, simples, et fit une des inductions les plus remarquables des sciences modernes. Il ramena, suivant la règle d'Aristote, les phénomènes multiples d'un corps, forme, densité, couleur, affinité, ductibilité, malléabillité, au primitif du genre dont il s'agit, à la cause identique, se manifestant toujours la même en chacun de ces phénomènes. Lavoisier fit encore, d'après la même règle, son immortelle découverte de la combustion. Il prit une cornue contenant du mercure, la mit en communication avec une éprouvette remplie d'air, chauffa le mercure et trouva des paillettes de mercure rouge qui avaient augmenté du même poids et du même gaz que l'air de l'éprouvette avait perdu. Ce fut la découverte du primitif du genre dont il s'agissait, de l'oxigène cause des phénomènes de la combustion. Priestley, Scheele, Bertholet, Berzelius, suivirent dans leurs découvertes ininterrompues les exemples donnés par Stahl et Lavoisier. Qu'avaient de commun avec ces progrès si précis, faits par des esprits si différents et en des pays si divers, „l'in-

fâme" de Voltaire ou „le Contrat social" de Rousseau,
la théorie sur la causalité de Hume ou celle de
Kant?

En physique Condorcet, quoique libre penseur,
se garda bien de suivre dans ses travaux de statique le scepticisme de Hume, et Galvani, Franklin, Volta, chacun dans leurs mémorables découvertes ne firent autre chose que continuer à percevoir des rapports d'identité, l'idée la même suivant
Aristote, entre la foudre et l'étincelle électrique,
entre l'électricité chimique et l'électricité dynamique.
Ils accumulèrent leurs inventions en même temps
qu'ils fondaient une science nouvelle.

Dans les sciences naturelles, Jussieu et Cuvier
reprirent les grands principes de classification dont
Aristote avait non seulement tracé les règles par
sa distinction des notions de genre et d'espèce,
mais encore donné l'exemple.

Laplace écrivit son célèbre traité sur la mécanique céleste, et, s'il succéda à Kant qui avait supposé un rapport d'identité entre l'état gazeux des
corps et les nébuleuses qu'il considérait comme des
mondes en voie de formation, il imita le penseur
de Kœnigsberg, non pas dans son chématisme de
la causalité, mais dans sa conception d'une idée la
même contenue dans des données aussi différentes
que l'état gazeux des corps et les nébuleuses
célestes.

Enfin Bernouilli, Euler, d'Alemberg, un des chefs
encore de la libre pensée, et Lagrange suivirent
dans la grande voie que leur avait tracée Descartes,
Leibnitz, Newton, et obéirent dans leurs découvertes,
non aux principes philosophiques de leurs illustres

prédécesseurs, ni à ceux de la philosophie de leur époque, mais aux règles si simples d'Aristote. Et tous leur obéirent d'instinct, parce que ces règles sont, ainsi que nous le verrons bientôt, l'expression des lois et des facultés les plus évidentes de notre intelligence.

Les théories philosophiques et la loi de causalité au 19me siècle. Ecole de Kant.

La théorie de Hume sur la causalité, tout aussi bien que le chématisme de Kant, apparaissent comme des théories enfantines au sein des immenses progrès accomplis dans les sciences exactes au 18me siècle. Les disciples de Kant acquirent une influence plus grande sur le mouvement scientifique.

Fichte, un moment, parut entrevoir la portée entière du principe de contradiction. Ce fut, malheureusement, pour en abuser aussitôt par l'étrange application qu'il en fit. „Si A est A, dit-„il, — A n'égale pas A et lui est absolument op-„posé, de même on doit accorder qu'un non-moi „est absolument opposé au moi. Or, le non-moi est „posé dans le moi, et toute opposition suppose „l'identité du moi dans lequel elle est posée et „auquel elle est opposée.... En d'autres termes, ils „se limitent réciproquement, affirmation, négation, „limitation, ou thèse, antithèse, synthèse. Synthèse „suprême dans laquelle toutes les autres se trouvent „et doivent en être tirées.“ [1])

Ce fut un moyen de sortir de l'antinomistique de Kant en l'exagérant. Il a fallu que les penseurs de l'Allemagne aient éprouvé un immense besoin de solution et de vérité pour pouvoir se contenter un instant de pareils raisonnements. Un homme qui pose en même temps son moi et son non-moi,

---

1) Grundzüge der ges. Wissensch. S. W. B. I S. 91 ff.

loin de se limiter et de se synthétiser, est en voie de commettre un suicide.

A opposé à moins A est égal à zéro et non pas à la synthèse suprême dans laquelle toutes les autres se trouvent.

Schelling n'en rechercha pas moins cette synthèse suprême. „Je suis! affirme-t-il, mon moi renferme „l'être qui précède toute pensée et perception. L'être „est en étant pensé, et il est pensé parce qu'il est. „Le moi seul n'est rien et ne saurait pas même „être pensé sans qu'on admette en même temps „son être, car il ne peut être pensé qu'en tant „qu'il se pense lui-même, c'est-à-dire, en tant qu'il „est. Le moi est donc posé inconditionnellement „par lui-même. Et s'il est le sujet qui domine dans „tout le système de nos connaissances, je dois pou- „voir passer de la donnée conditionnelle la moindre „au principe inconditionnel et de celui-ci redescendre „au premier. Que nous ôtions donc toute la série „des propositions conditionnelles de nos connaissances „que l'on voudra, on arrivera forcément au moi „absolu. Et si le moi est l'absolu, ce n'est pas le „non-moi contraire, c'est le non-moi pur et simple „qui est une contradiction.

„Le système parfait de la science a donc pour „point de départ le moi absolu, à l'exclusion de „toute opposition contradictoire. Réalité intelligible „et absolue. Le dernier principe de la philosophie „ne peut exister en dehors du moi absolu. Il ne „peut être ni phénomène, ni chose en soi. Il n'est „pas phénomène, ce serait en contradiction avec „son caractère absolu, et il n'est pas *une chose en* „*soi*, parce qu'il serait comme tel objet et non sujet,

„il n'est donc rien qu'un moi, un pur moi, qui
„exclut tout non-moi. Et comme tel, ne dépendant
„en rien de toute la série des choses conditionnées,
„il est le commencement et la fin de toute philo-
„sophie — *la liberté*. Ainsi le moi absolu est aussi
„la liberté absolue, et comme tel il est encore
„identité pure, forme primitive posée par elle-même
„et en elle-même. Unité pure, car si le moi absolu
„était multiple, il existerait par ses parties et non
„par lui-même, et il contient tout être et toute
„réalité; si un objet devait posséder une réalité
„quelconque en dehors du moi absolu, cette réalité
„s'identifierait avec celle du moi absolu ou n'exis-
„terait point. Or, si le moi absolu contient toute
„réalité, il est infini et tous ses attributs sont
„infinis, il est indivisible, et immuable. Il est la
„substance une et absolue. Ainsi la philosophie a
„trouvé dans le moi, ἐν καὶ πᾶν, la palme vainement
„cherchée de sa victoire.... Ou — *Thèse* : l'être ab-
„solu est déterminé dans sa forme primitive par
„l'affirmation du moi. *Antithèse* : le non-être absolu,
„indépendance absolue du moi, est définissable
„seulement par son opposition avec ce dernier, et
„par suite absolument indéterminable. *Synthèse* :
„Possibilité du non-moi par son absorption dans le
„moi, c'est-à-dire, possibilité du non-moi en général
„ou existence dans le temps.“ [1])

Traduisons en termes simplement logiques. 1re
proposition : l'être absolu et déterminé par l'affirmation absolue du moi. 2me proposition : le non-être
absolu, c'est-à-dire, le néant, n'existe absolument
pas. Il reste à prouver la proposition précédente

---

1) Philosoph. Schrift. B. I. Vom Jch als Princip der Philosophie.

tout entière. Aucune synthèse au monde n'y pourra
rien changer. A plus 0 égal A.

Hegel le comprit : loin de confondre l'être pur
avec le moi absolu, il le considéra comme étant
également aussi vide que le non-être, et comme
lui étant identique ; antithèse qu'il résolut dans la
synthèse du devenir. Quant au devenir, il est dans
son unité la réalité, laquelle est ou une chose en
soi ou autre chose, ce qui engendre chez Hegel,
comme chez Fichte, la limitation de l'un et de l'autre.
La limitation, qui est la négation de la négation
de l'être, suppose à son tour son affirmation comme
tel, et la négation de ce qui n'est pas tel. Mais la
négation de ce qui n'est pas tel implique la possibilité ou le devoir d'être autrement, ce qui conduit
à l'antinomie du fini et de l'infini, qui par leur
synthèse engendrent le mouvement. Par le mouvement l'être qualitatif se résout dans l'être en soi,
lequel est unité ou multiplicité, antithèse qui se
résout dans le nombre et — dans la répulsion et
l'attraction, lesquelles sont quantité. Ainsi Hegel
explique jusqu'aux lois de Berthollet et la chimie
de Berzelius. Il aurait connu la chimie organique
créée par Liebig ou les analyses de Pasteur, qu'il
les aurait expliquées de la même manière.

Ce fut le „panlogisme" : les antinomies de la Raison pure de Kant élevées à la hauteur d'une
méthode destinée à rendre compte de toutes
choses.

La loi de causalité, son origine, son sens et sa
portée scientifique n'y eurent aucune part. Hegel
l'aurait appliquée qu'il se serait arrêté à sa première synthèse, à son identité de l'être pur et du

non-être. L'être pur est une idée abstraite et le
non-être l'expression de notre faculté de juger appliquée à cette même idée. Nous avons si peu l'idée
du non-être, que pour le penser il faudrait pouvoir
le penser sans penser quelque chose. Il ne saurait
être ni pensé ni parlé, observait déjà le Parménide. Or, il n'existe aucune antinomie entre une
idée et une faculté. Si la seconde engendre la première, c'est sans aucune espèce de contradiction,
ni d'opposition ; non seulement nous ne pouvons
rien concevoir qui soit et ne soit pas à la fois,
mais à cause de la même loi nous ne pouvons pas
davantage produire deux idées ou deux jugements
dont l'un soit la négation de l'autre en les prenant
dans le même sens et en les envisageant de la
même manière. L'une d'elles ou l'un au moins des
des deux termes des jugements doit être pris ou conçu d'une façon différente. Que deux hommes puissent, l'un affirmer, l'autre nier la même chose,
lorsque leurs idées, leurs impressions et le sens
attaché aux mots seraient les mêmes, nous est incompréhensible, à moins de supposer le mensonge. Il
faudrait pour le concevoir que nous puissions penser et ne pas penser à la fois une même idée, un
même jugement. Cet objet est blanc ! cet objet
n'est pas blanc ! sont deux jugements dont les perceptions impliquées dans le premier sont différentes
de celles contenues dans l'autre.

La philosophie antinomistique n'en exerça pas
moins une grande influence sur le mouvement
scientifique, littéraire et même politique de l'Allemagne, non par sa méthode d'établir la vérité,—il
n'y avait que des jeux sur le sens des mots et la por-

tée des termes à en tirer, — mais par la hardiesse et la nouveauté des doctrines.

Le panthéisme de Schelling ou, pour parler plus exactement, sa poésie philosophique de la nature enthousiasma les esprits. En adaptant les vastes concepts de la philosophie aux découvertes et au langage si froid de la science, et en les confondant dans son imagination brillante avec les beautés de la nature, il revêtit les unes et les autres de couleurs inconnues jusque-là qui surprirent et entraînèrent d'autant plus les esprits anxieux de savoir, qu'ils y trouvèrent en même temps une satisfaction pour leur cœur et une satisfaction pour leur esprit.

Influence de Schelling et de Hegel sur la science de leur temps.

Toute une école de naturalistes suivit, pleine de confiance, Schelling dans sa voie non moins nouvelle que hardie.

Les grands esprits de la Réforme avaient surexcité et bouleversé les croyances ; les libres penseurs du siècle précédent les avaient sapées dans leurs fondements ; la nouvelle école les remplaça par des croyances ayant des apparences plus scientifiques. Ce fait à lui seul explique l'influence qu'elle exerça sur les sciences.

L'école de Schelling compta des esprits éminents, tels que le grand Ocken ; mais celui-ci prouva déjà par son propre exemple que dans cette direction il n'y avait ni grandes découvertes à faire, ni progrès considérables à réaliser. Sa hiérarchie des êtres animés, établie selon le degré du développement de leurs sens, adoptée par Schelling lui-même, ne soutient pas l'analyse ; et de toutes ses analogies, dues plutôt à son esprit ingénieux qu'à sa méthode, il ne reste guère que l'hypothèse que le crâne n'est qu'un développement de la vertèbre supérieure. Les autres disciples tombèrent bientôt dans des excès enfantins. Le discrédit dont on les accabla dans la suite n'en fut pas moins injuste.

L'école de Schelling représente peut-être mieux que toute autre en Allemagne, ce qu'on y appelle si glorieusement l'époque de tourmente et d'effort. Elle éveilla l'intérêt pour les grandes questions de la nature, la curiosité pour ses secrets, l'admiration pour ses beautés, et ce ne fut qu'après elle que l'Allemagne inaugura sa véritable époque scientifique. L'observation et la raison succédèrent à la curiosité et à l'enthousiasme, mais sans l'impulsion qu'elles en avaient reçue, la science allemande ne se serait certes pas élevée si haut.

La doctrine de Hegel agit de même sur le mouvement scientifique, quoiqu'avec moins d'intensité. La réaction avait commencé contre les abus d'un naturalisme de fantaisie, et ce fut dans l'histoire, l'esthétique, la politique, qui ne possèdent ni la rigueur ni l'exactitude des sciences de la nature, que l'influence de Hegel devint prédominante.

La simple notion du „devenir" transportée dans l'histoire sans autre direction que des antinomies illusoires ne put cependant se soutenir longtemps, et la réduction de la vie des peuples, de leurs arts, de leurs lettres, de leurs institutions politiques à un développement successif de l'idée dégénéra bientôt, malgré quelques vues originales et profondes de l'auteur du Panlogisme, en une tentative contraire à toute méthode scientifique pour se perdre dans les extravagances de la gauche hegelienne.

Les hommes et les nations ne sont pas plus formés d'idées qu'ils ne sont exclusivement composés d'instincts et de passions. Les uns et les autres ont leur rôle dans l'histoire. Lorsque Hegel prétendit que les sophistes grecs avaient éveillé la „conscience du „devoir de se déterminer par la libre pensée et non „plus par des oracles, des coutumes, des passions „et des impressions momentanées," [1]) il ne vit point que les sophistes grecs avaient suivi absolument la même méthode que lui en ne recherchant que l'idée. Mais ils détruisirent aussi les fondements de la civilisation grecque, et furent l'une des grandes causes de l'anéantissement de tous les liens sociaux et historiques de leur patrie ; la gauche hegelienne poursuivit exactement le même but.

Dans ces sublimes prétentions d'arracher par la voie de l'*a priori* ses secrets à la nature et à l'histoire, il ne pouvait être question des chétives conditions de la vérité si humble de l'*a posteriori*. Les écoles se succédèrent avec une rapidité et une fécondité également surprenantes, tandis que la science réelle poursuivait sa lourde tâche, continuant à obéir, à son insu, aux règles si insignifiantes en apparence de l'auteur de la syllogistique.

Il en résulta un nouveau progrès pour la philosophie et une dernière tentative de déterminer les lois et les règles de la découverte des causes.

L'école positiviste.

Les antinomies de Kant et les méthodes, les systèmes qui leur avaient succédé, n'ayant point donné de solution, Auguste Comte crut que les doctrines *a priori* étaient sans issue et que la philosophie dans ses recherches devait se soumettre aux

---

1) Schmutt. B. B. XIV S. 9.

mêmes principes et aux mêmes règles que les
sciences positives.

Il divisa l'histoire de l'humanité en trois âges :
l'âge théologique, l'âge philosophique et l'âge positiviste, s'imaginant naïvement que ce dernier était
enfin venu. Ce fut donner une singulière importance
à sa propre manière de voir, et Comte s'érigea en
fondateur d'une religion nouvelle. La loi de causalité
n'eut point de part dans ces rêves.

Comte crut néanmoins devoir soumettre, à
l'exemple de Bacon, les sciences à une classification ; il y eut même un semblant de principe et
de méthode dans cette tentative.

Toutes nos connaissances, dit-il, procèdent du
plus simple au plus complexe, des mathématiques
à l'astronomie, de celle-ci à la physique, et se ter-
minent par la plus complexe et la plus difficile de
toutes les sciences, la sociologie. La classification
de Comte fut à la fois une espérance et une illusion. Toutes nos connaissances, loin de procéder des
plus simples aux plus complexes, procèdent au contraire des plus complexes aux plus simples, des
idées concrètes aux idées générales et abstraites.

Ce n'est qu'à cette condition, suivant les règles aristotéliciennes dont nous avons vu de si nombreux
exemples, que nous créons nos sciences et que nous
faisons nos découvertes. Si la formule d'un phénomène physique suppose la connaissance des mathématiques, combien de fois la nécessité d'expliquer
ces phénomènes n'a-t-elle pas conduit à des découvertes dans les mathématiques, depuis la formation
des premières notions abstraites de nombre jusqu'à
l'invention du calcul intégral? La chimie qui, sui-

vant Comte, succède à la physique, nous enseigne
cependant les formes et les forces élémentaires
dont les forces générales de la physique ne sont
que les résultantes ; la biologie qui , d'après lui,
succède à la chimie, nous revèle des combinaisons
organiques qui transforment nos idées sur les combinaisons en apparence seulement plus simples de
la chimie ; tandis que la sociologie est aussi ancienne
que les premières institutions que les hommes se
sont données.

Stuart Mill , le plus éminent des disciples de
Comte, fut le seul qui aborda finalement et d'une
manière sérieuse la question de l'induction et de
la découverte des causes dans les sciences positives.

La théorie de Stuart Mill.

„Un chimiste, dit-il, qui annonce la découverte
„d'une substance nouvelle, trouve en nous une en-
„tière confiance, bien que son induction ne se fonde
„que sur un seul fait.... Tous les exemples connus,
„au contraire, depuis le commencement du monde,
„de la proposition que tous les corbeaux sont noirs,
„sont insuffisants pour contrebalancer le témoignage
„d'un homme, non suspect d'erreur , qui affirme-
„rait qu'il a vu dans une contrée encore inexplo-
„rée un corbeau gris. Pourquoi un seul exemple
„suffit-il dans quelques cas pour une induction com-
„plète, tandis que dans d'autres cas des myriades
„de faits sont de si peu d'importance pour établir
„une proposition universelle.“ [1]) Pour résoudre la
difficulté de l'induction , il est donc nécessaire ,
suivant Stuart Mill , „de découvrir une loi telle
„qu'elle embrasse l'universalité des faits... Or, cette
„loi, c'est la loi de causalité.“ [2])

1) Syst. d. log. vol. I, p. 248.
2) Ibid. vol. I, p. 30.

4

„Cependant cette loi n'est pas, poursuit-il, un „instinct, une des lois de notre faculté de croire, „comme le suppose l'école des métaphysiciens, qui „la regarde comme innée.... Erreur profonde.... il „n'est pas vrai que le genre humain ait toujours „cru à une succession uniforme des évènements „d'après des lois déterminées. Les philosophes grecs „et Aristote lui-même, rangeait le hasard et la „spontanéité parmi les agents de la nature.... et les „métaphysiciens les plus résolus en faveur du ca- „ractère instinctif de l'axiome croient que la vo- „lonté humaine forme une exception à ce principe". [1]

Comment concevons-nous donc cet axiome, qui n'est ni un instinct, ni une loi de notre intelligence et de toutes les lois cependant la plus universelle?

„La croyance, répond Stuart Mill, à l'universalité „de la loi qui rattache tout effet à une cause, est „elle-même un exemple d'induction. Nous arrivons „à cette loi universelle par la généralisation d'un „grand nombre de lois moins générales, telles que : „la nourriture entretient la vie, le feu brûle, l'eau „noie. Mais il y a différents degrés dans ces in- „ductions primitives, non scientifiques. Le perfec- „tionnement consiste à corriger ces généralisations „grossières.... L'incertitude de la méthode est en „raison inverse de l'étendue de la généralisation. „Plus la sphère s'étend, moins le procédé offre de „chances d'erreur ; et les classes de vérités les plus „universelles, la loi de causalité, par exemple, ou „encore les principes des nombres et de la géomé- „trie sont suffisamment prouvés par cette méthode „toute seule". [2]

---

1) Syst. d. log. vol. I, p.
2) Ibid. liv. I, p. 100.

Stuart Mill nous a pourtant assuré plus haut que parfois des myriades d'exemples, observés depuis le commencement du monde, comme dans la proposition que tous les corbeaux sont noirs, ne suffisaient point pour faire une induction complète. Aussi explique-t-il sa pensée: „Nos procédés in-„ductifs supposent la loi de causalité, et la loi de „causalité est un produit de l'induction, ce qui ne „serait un paradoxe que dans la vieille théorie du „raisonnement, où la majeure, c'est-à-dire, la vérité „universelle, est considérée comme la preuve réelle „des vérités qu'on en infère ostensiblement. Suivant „notre doctrine, au contraire, la majeure n'est pas „la preuve de la conclusion. Cette proposition: tous „les hommes sont mortels, n'est pas la preuve de „cette autre: lord Palmerston est mortel. C'est de „notre expérience passée de la mortalité que nous „inférons à la fois, avec le même degré de certi-„tude, la vérité générale et le fait particulier." [1]

Il semble qu'il y ait cependant une grande diffé-rence entre l'induction de la mortalité de tous les hommes et celle de la loi de causalité. Rien ne nous oblige d'admettre que tous les hommes soient mortels de toute nécessité; pendant des siècles on a cru à la légende du Juif errant, et l'eau de Jou-vence de Casanova a soulevé plus d'une espérance, tandis que l'induction, pour nous servir du terme de Stuart Mill, qu'il n'y a point d'effet sans cause, nous est imposée malgré nos efforts pour admettre le contraire. Si Aristote croyait qu'il y avait des choses qui naissaient du hasard, c'est qu'il en voyait la raison à la matière sans forme, et si des

1) Syst. d. log. liv. I, p. 103.

métaphysiciens attribuent une causalité propre à la
liberté humaine, cette liberté, ils ne la considèrent
pas moins comme un effet de notre nature morale
et intellectuelle. De plus, comment la loi de causalité peut-elle être à la fois la condition de nos
inductions et un effet de ces mêmes inductions ?
Nous inférons de nombreux exemples d'hommes
morts que tous les hommes sont mortels, mais à
la première nouvelle de la mort d'un de nos semblables, nous ne nous contentons pas de la proposition générale, nous demandons : de quelle maladie, de quelle infirmité est-il mort ? L'interprétation
par Stuart Mill de la loi de causalité n'est pas même,
comme il s'en défend, un paradoxe, c'est un simple
cercle vicieux ; il explique la chose parce qu'il
s'agit précisément d'expliquer.

Il n'est guère plus heureux dans le sens qu'il
attribue à l'axiome : „Certains faits se succèdent, et,
„croyons-nous, succèderont toujours à certains au-
„tres faits. L'antécédent invariable est appelé la
„cause ; l'invariable conséquent, l'effet.“ [1]) Ce serait,
sous une autre forme, la définition de Kant, s'il
n'ajoutait : „que la cause et son effet soient néces-
„sairement successifs ou non, toujours est-il que le
„commencement d'un phénomène est ce qui im-
„plique une cause et que la causation est la loi de
„succession des phénomènes. Si ces axiomes sont
„admis, on est libre, quoique je n'en voie pas la
„nécessité, de laisser de côté les mots *antécédent* et
„*conséquent*, appliqués à la cause et à l'effet.“ [1]) Ce
qui transforme sa définition, empruntée à Kant et
à Hume, en un paralogisme. En laissant de côté les

---

[1]) Syst. d. log. vol. I, p. 386.

expressions *d'antécédent* et de *conséquent*, la définition ne signifie pas autre chose que *la cause invariable est la cause de l'invariable effet.*

Restent les règles que donne Stuart Mill de l'induction des causes. Le caractère de sa philosophie *positive*, l'expérience des faits, l'observation des sciences exactes, semblent, dans cette circonstance du moins, lui offrir les plus grandes facilités et nous donner une cert... e garantie :

„Premier canon : *Si deux cas ou plus du phéno-*
„*mène, objet de la recherche, ont seulement une circons-*
„*tance commune, la circonstance dans laquelle seule tous*
„*les cas concordent est la cause (ou l'effet) du phéno-*
„*mène.*“ [1])

Cette règle, Stuart Mill l'appelle la méthode de concordance. „Soit A un agent, une cause, et sup-
„posons que la recherche ait pour objet de déter-
„miner les effets de cette cause. Si l'on peut ren-
„contrer ou produire l'agent A au milieu de cir-
„constances variées, et si les différents cas n'ont
„aucune circonstance commune, excepté A, l'effet
„quelconque qui se produit dans toutes les circons-
„tances est signalé comme l'effet de A. Supposons
„par exemple, que A est mis à l'essai avec B et C
„et que l'effet est *a b c;* puis que A étant joint
„à D et E, mais sans B ni C, l'effet est *a d e.*
„Ceci posé, voici comment on raisonnera : *b* et *c*
„ne sont pas des effets de A, car ils n'ont pas été
„produits par A dans la seconde expérience; *d* et *e*
„ne le sont pas non plus, car ils n'ont pas été
„produits dans la première. L'effet réel de A, quel
„qu'il soit, doit avoir été produit dans les deux

---

2) Syst. d. log. vol. I, p. 425

„cas ; or, il n'y a que la circonstance *a* qui rem-
„plira cette condition.“ [1])

Stuart Mill nous a dit plus haut, en critiquant
l'opinion d'Aristote et celle des métaphysiciens,
qu'il n'y avait point de causes spontanées. A ne
peut donc produire de lui-même *a*, mais A produit, dans sa combinaison avec B et C, et avec D
et E toujours *a* ; c'est donc la propriété que possède A de se combiner avec B et C, D et E qui
est la véritable cause de *a* ; mais si A possède la
propriété de se combiner avec B et C, D et E,
ceux-ci de toute nécessité possèdent également celle
de se combiner avec A. Ce ne sont donc ni A ni
B et C ni D et E qui sont la cause de *a*, mais
leur propriété de se combiner avec A pour le produire. Non seulement la règle de Stuart Mill et son
explication ne nous enseignent pas à induire une
cause d'un effet ou un effet d'une cause, mais elles
nous démontrent que cet effet ou cette cause ne
sont pas réellement effet ou cause. [2])

„Deuxième canon : *Si un cas dans lequel un phé-*
„*nomène se présente et un cas où il ne se présente*
„*pas ont toujours leurs circonstances communes, hors*
„*une seule, celle-ci se présentant seulement dans le*
„*premier cas, la circonstance par laquelle, seule, les*
„*deux cas diffèrent, est l'objet (ou la cause) ou partie*
„*indispensable du phénomène.*“ [3])

A cette règle, que Stuart Mill appelle la méthode de différence, on peut faire la même objection. B et C, D et E, ne produisent jamais *a*, mais
la présence de A suffit pour que *a* surgisse. A par

---

1) Syst. d. log. vol. I, p. 426.
2) Th. Funck-Brentano. Les soph. grecs et les soph. contemp. p. 172.
3) Syst. de log. vol. I, p. 430.

lui-même n'en est cependant pas la cause ; il le
produirait spontanément ; la véritable cause existe
donc dans la propriété de B et C, de D et E de
s'unir à A, et dans la propriété de celui-ci de
s'unir aux premiers.

„Le principe de la troisième règle", que Stuart
Mill appelle la méthode de résidu, est très simple.
*En retranchant d'un phénomène donné tout ce qui, en
vertu d'inductions antérieures, peut être attribué à des
causes connues, ce qui en reste sera l'effet des antécédents qui ont été négligés ou dont l'effet était encore
inconnu.*" [1]) Traduisons en termes plus rigoureux :
lorsque nous retranchons d'un phénomène les effets
et les causes qui en sont connus, il en reste les
effets de causes, ou les causes d'effets inconnus.
Quelle portée scientifique une pareille règle peut-
elle avoir ?

La quatrième et dernière règle de Stuart Mill a,
„s'il est possible, moins de valeur encore. „Elle est
„applicable aux causes permanentes, aux agents in-
„destructibles, qu'il est à la fois impossible d'exclure
„ou d'isoler, ni faire qu'ils se présentent seuls"....
„C'est la méthode des variations concommittantes.
„.... *Elle est soumise au canon suivant: Un phéno-
„mène qui varie d'une certaine manière toutes les fois
„qu'un autre phénomène varie de la même manière, est
„une cause ou un effet de ce phénomène, ou y est lié
„par quelque fait de causation.*" [2])

Règle qui n'est au fond que celle que Bacon a si
malheureusement employée pour définir la chaleur.
Lui aussi a cherché à déterminer les effets d'une

---

1) Syst. d. log. vol. I, p. 433.
2)   ibid.   p. 442.

cause permanente, d'un agent indestructible, et il
a tenté de préciser, avec tout le pouvoir de son
génie, les effets de cette nature simple, la chaleur.
Celle-ci augmente lorsque le froid diminue, elle
liquifie les corps solides, rend gazeux les liquides,
tandis que le froid condense les vapeurs et solidifie
les liquides ; donc la chaleur est d'une nature
absolument différente de celle du froid, et l'une et
l'autre *varient toutes les fois de la même manière que
les phénomènes.* Appliquer de semblables règles, c'est
se perdre dans des illusions interminables. La dernière règle est non seulement vide comme les pré-
cédentes, mais elle est encore contraire à tous les
progrès et aux grandes découvertes des sciences
modernes.

Nous arrêterons nos analyses des théories philosophiques sur la loi de causalité à celle de Stuart
Mill. L'Evolutionnisme de M. Herbert Spencer et le
Nihilisme de Schopenhauer, malgré „la quadruple
racine de la raison suffisante“, n'ont pas assez de
valeur intrinsèque pour qu'on puisse songer à les
appliquer aux découvertes et aux inventions des
sciences exactes.

Les
sciences
au
19ᵐᵉ siècle.
L'étude des innombrables théories secondaires
qui se groupent, sous des formes différentes, autour
des grandes doctrines que nous venons d'examiner,
est d'autant plus superflue, que ces théories n'ont
surgi, l'une après l'autre, que pour s'éteindre tour
à tour ; elles restèrent absolument sans influence
sur les inventions et découvertes innombrables qui,
depuis le commencement du siècle, se sont succédé
sans interruption au point de paraître transformer
en quelque sorte l'aspect du monde.

Depuis Humboldt, Gay-Lussac, Arago, Davy,
Ruhmkorff, Ampère, Bichat, Lænnec, Muller, Dumas,
Liebig, jusqu'à Scoda, Virchow, Bunsen, Helmholz,
Pasteur, Claude Bernard, Wurtz, Edison et tant
d'autres, les inventions et les découvertes se sont
suivies et enchaînées avec une précision et une
logique également admirables. Des sciences entières
sont nées, non seulement dans le domaine de la
nature, mais encore dans celui de l'histoire. La
géologie et la paléontologie, la philologie et la critique historique, tout un univers de connaissances
nouvelles a surgi, au point qu'il semble que la
philosophie, la première et la plus haute des sciences,
ne se soit affaissée que parce qu'elle s'est trouvée
impuissante à embrasser et à coordonner ce gigan-
tesque ensemble.

Et cependant, si faible que paraisse la philosophie en face des accablants progrès des
sciences, à elle seule reste réservée la découverte
des principes et des règles de tous ces progrès. Si
vastes que puissent sembler ces progrès, si éton-
nants qu'ils soient par leur rigueur et leur exactitude, nous devons reconnaître malgré les critiques
que nous avons faites des théories philosophiques
des derniers trois siècles, et malgré les lacunes que
nous y avons signalées, qu'elles ont progressé à
leur manière, tout comme les sciences exactes, et en
dénotant chez leurs auteurs à la fois peut-être et
plus de génie et plus d'effort.

De toutes les interprétations de la loi de causalité, celle d'Aristote, il est vrai, est la seule
qui peut être appliquée dès la Renaissance des
sciences à leurs découvertes et à leurs inventions;

mais cette interprétation aussi, par la confusion du stagirite des essences formelles avec les causes des choses, est restée inintelligible. Si elle est destinée à atteindre un certain degré de précision et d'évidence, ce ne sera que grâce aux analyses profondes et aux recherches nombreuses qui en philosophie se sont également succédé depuis la Renaissance.

Pour échapper à la confusion aristotélicienne, qui avait égaré le moyen-âge, les grands penseurs du 17me siècle ont cherché indistinctement, les uns dans les idées les plus évidentes, les autres dans nos expériences et nos impressions les moins contestables, les raisons et les principes d'une solution plus assurée. Ils ont adopté successivement toutes les directions et les ont poursuivies jusque dans leurs dernières conséquences avec une puissance telle que les découvertes les plus immortelles des sciences s'effacent en quelque sorte devant la grandeur de leurs efforts. Aussi, malgré les égarements et les excès, qui se glissèrent depuis dans la philosophie, toutes les difficultés se trouvèrent insensiblement élucidées, en partie même par ces erreurs, au point qu'il ne nous reste qu'à suivre la seule voie laissée ouverte pour atteindre une solution si bien préparée et si ardemment recherchée.

Le mouvement philosophique depuis l'antiquité est tellement lié, constant, il avance si sûrement de pas en pas que, s'il n'a guère influencé le progrès des sciences, il n'en a peut-être que mieux poursuivi son but propre et rendu la formule d'un principe nouveau d'autant plus facile que nous en découvrons déjà les premières traces dans les origines de la philosophie en Grèce.

IIme PARTIE

ORIGINE, SENS ET PORTÉE SCIENTIFIQUE
DE LA LOI DE CAUSALITÉ.

Si, dans leurs actes intellectuels, les hommes ne subissaient point l'action de lois uniformes et constantes, ils pourraient aussi peu s'entendre entre eux que les animaux d'instincts différents, l'agneau le loup.

Il existe donc par le fait que les hommes se comprennent et s'instruisent les uns les autres, des lois communes qui régissent les actes de leur intelligence.

La pensée humaine, quoi qu'elle fasse, leur obéit, qu'elle en ait ou n'en ait point conscience ; elle leur obéit même quand elle les interprète arbitrairement, confondant les idées formées avec les lois d'après lesquelles elles l'ont été.

La difficulté de donner les définitions des lois intellectuelles provient de leur caractère ; elles sont antérieures et supérieures aux idées formées.

Certains philosophes ont cru reconnaître la constance et l'uniformité des lois intellectuelles dans les idées telles que celles de l'être, de la substance, de la cause, de l'espace, du temps, qu'ils appelèrent nécessaires, universelles ou même innées. D'autres

Le principe fondamental de toute science et certitude.

penseurs, pour qui ces idées n'enseignaient ni être réel, ni substance, ni cause, ni espace, ni temps véritables, prétendirent que leurs caractères particuliers ne dérivaient que de nos sensations. Aucun d'eux n'observa que, s'il existait des lois intellectuelles, aucune idée, si nécessaire ou si absolue qu'elle parût, ni aucune sensation si évidente et constante qu'elle fût, ne pouvait en rendre compte, parce que la conception des unes aussi bien que la formation des autres étaient régies par ces lois, et par suite, en dérivaient.

Toutes les idées que nous sommes capables de concevoir, toutes les sensations que nous sommes susceptibles d'éprouver représentent au même titre des actes intellectuels. C'est donc aux caractères de nos actes intellectuels qu'il faut remonter pour découvrir les lois qui les régissent. Que je dise que la partie est moindre que le tout, qu'un cheval court, que le soleil luit, ces affirmations proviennent également, quelles que soient les idées ou les sensations qu'elles représentent, d'actes de mon intelligence.—L'acte de penser constitue le principe premier et fondamental de toute certitude et de toute science.

Les lois intellectuelles. Or, si l'acte de penser est le principe de toute certitude et science, il en résulte forcément que l'expression des actes intellectuels et de leurs rapports entre eux, abstraction faite de leur objet ou de leur contenu, constitue les formules des lois intellectuelles.

Ainsi le principe de contradiction, qui n'a jamais été contesté, si mal qu'il ait souvent été interprété, n'est autre chose que la formule de notre acte de penser dans sa spontanéité et sa simplicité entières. Nous ne pouvons pas ne pas penser une chose en la pensant, et en pensant une chose nous ne pouvons pas ne pas la penser telle que nous la pensons. A l'effort de tenter le contraire, l'acte se révèle dans sa spontanéité et sa nécessité éclatantes; pour pouvoir ne point s'y soumettre, il faudrait pouvoir penser sans penser ou penser sous une forme en pensant sous une autre. La conscience du fait appliqué à la chose pensée donne la formule du principe en même temps que son évidence, son universalité, sa nécessité. — Ce qui est, est ; rien ne peut être et n'être pas à la fois, A$=$A.

La seconde loi en importance ne se rapporte plus à l'acte simple et spontané de penser, mais à l'acte se rapportant lui-même déjà à un acte posé, au jugement.

Nous voyons un objet, nous pensons une idée, tant que nous ne poserons pas un second acte à leur sujet, tant que nous n'émettrons pas un jugement sur cette idée ou cet objet, ils resteront des phénomènes fugitifs ; ils pourront devenir un souvenir, renaître à l'occasion ; mais ils ne seront ni une connaissance ni une intelligence quelconque de l'objet ou de l'idée.

La logique dit : juger c'est affirmer ou nier une chose d'une autre. Définition dont on peut avec raison contester la justesse ; nous ne pouvons pas dire par exemple qu'une plume est un livre. Il est de même encore fort douteux que la négation soit un jugement aussi simple que l'affirmation ; il faudrait être insensé pour passer son temps à penser sans motif qu'un livre n'est pas une plume, que le

soleil n'est pas un cheval etc. Mais à l'effort de
penser un sujet sans attribut ou un attribut sans
sujet, la seconde loi de notre intelligence se revèle
dans ses vrais caractères. Elle ne dit en réalité
autre chose que pour parvenir à l'intelligence d'une
chose pensée il faut que par un nouvel acte intellectuel nous pensions un rapport de cette chose à
autre chose. [1])

L'attribut du jugement exprime le rapport, le
sujet, la chose pensée.

Pas plus que nous ne pouvons penser qu'une
plume est un livre, nous ne pouvons dire que le
son est rouge ou que la lumière a du poids, parce
que nous ne percevons pas de rapports entre ces
impressions.

L'acte de penser implique donc, pour devenir connaissance et intelligence, la nécessité de la perception de rapports entre les divers actes. Comme tel
l'acte de penser se transforme en notre faculté de
juger et implique la perception de rapports entre
les choses pensées. Aussi suffit-il, comme pour le
principe de contradiction, d'exprimer l'axiome:
point de sujet sans attribut ou point d'attribut
sans sujet, pour que le caractère propre de l'acte
de juger jaillisse et que nous nous sentions dans
l'impossibilité de penser autrement, de concevoir
un attribut sans le rapporter à un sujet, ou de
concevoir un sujet sans lui supposer un rapport à
autre chose, un attribut. En d'autres termes, les
deux formes de l'axiome expriment la seconde loi
de la pensée humaine. Elle est non plus le principe

---

1) Trendelenburg disait en ce sens avec raison: wir benken nur in
Relationen.

de toute certitude, mais celui de toute connaissance. — Penser, c'est percevoir les rapports des
choses.

Il n'est point nécessaire que les axiomes ou lois
intellectuelles soient connus ou formulés ; la pensée
leur obéit instinctivement, comme les pierres tombent sans s'inquiéter des lois de Galilée.

La pensée doit avoir atteint une certaine puissance de réflexion pour qu'elle se forme les idées
qui dérivent de l'action de ces lois ou qu'elle en
conçoive les formules.

Locke et Leibnitz ont eu raison à la fois : le
premier lorsqu'il prétendait que les axiomes par
eux-mêmes ne démontraient rien, que l'enfant et
le sauvage les suivaient sans les connaître ; le second, quand il soutenait qu'ils étaient innés à la
pensée humaine. Ils le sont en effet, non comme
formules ou idées, mais comme caractères de nos
actes intellectuels.

Envisagée sous cette forme si évidente, la question de l'origine des lois intellectuelles et des idées
qui en dérivent offre si peu de difficultés, qu'il s'em-
ble inutile d'y insister davantage.

Entre les contenus divers, les objets de nos actes
de penser, nous percevons des rapports innombrables,
rapports de grandeur, de quantité, de forme, de
couleur, de mouvement, de succession. Ce dernier
rapport a conduit Hume et Kant à ne considérer la loi de causalité que comme l'expression
de la succession régulière ou constante de certaines
choses à d'autres. Les rapports de succession, si
constants qu'ils soient, suivant Hume, ou si nécessaire qu'en soit la règle, suivant Kant, ne donnent

*Origine
de la loi
de
causalité.*

cependant qu'un simple rapport de succession, malgré l'illusion que peuvent produire les expressions
de causes et d'effets appliqués à l'antécédent et
au conséquent des phénomènes, suivant les expressions de Stuart Mill. Ils ne revèlent ni le lien
qui les unit entre eux, ni la raison pour laquelle
la pensée en conçoit spontanément d'elle-même la
nécessité. De plus, dans un grand nombre de cas
nous voyons la cause et l'effet se manifester
simultanément, ainsi que l'observe Stuart Mill;
souvent même nous voyons l'effet devancer la
cause, sans cependant nous tromper à leur sujet.
De tout temps les hommes ont vu le jour précéder
le soleil, jamais ils n'ont fait du jour la cause du
soleil.

Les rapports de succession ne nous dévoilent en
aucune manière des rapports d'existence, si réguliers
ou si constants que nous puissions les supposer.

L'instant qui précède n'est pas plus la cause de
l'instant qui suit, que la jeunesse n'est la cause de
l'âge mûr. Mais quelle est la cause de la vie humaine ? quelle est la cause du temps ? quelle est
celle de la loi de causalité elle-même ? telle est la
forme des questions que la pensée se pose en obéissant à cette loi.

C'est par nos actes intellectuels que se forment
les idées ; nous en acquérons la connaissance par
la perception des rapports qu'elles contiennent ; par
notre faculté de juger. Nous voulons juger à son
tour un jugement émis : cet homme existe, cette
fleur est blanche, aussitôt se présente, sous une
forme supérieure et plus complète, l'acte de penser,
appliqué, non plus à une idée simple, ni à la per-

ception d'un rapport d'une idée donnée à autre chose, l'attribut, mais à tout un jugement. Or, pour juger un jugement, il faut de toute nécessité, de même que pour juger le sujet donné, que nous concevions un nouveau rapport de ce jugement à autre chose.

La loi de causalité n'a point d'autre origine.

Il suffit que nous émettions le moindre jugement et que nous le jugions à son tour pour qu'aussitôt la loi intellectuelle se présente en pleine évidence ; que nous concevons la nécessité dans laquelle nous nous trouvons, pour juger un jugement donné, de percevoir *son rapport à autre chose*, parce que par la nature même de notre pensée nous ne pouvons juger et connaître les choses que par la perception de leurs rapports.

Loi intellectuelle qui, ainsi que les deux axiomes précédents, est imposée à la pensée par elle-même, et porte des caractères d'évidence, de nécessité et d'universalité identiques.

Elle signifie qu'il est impossible à l'homme de soumettre à son intelligence un jugement sur une chose, sans qu'il cherche, s'il veut le comprendre, le rapport de ce jugement à autre chose.

Point d'effet sans cause — rien n'existe sans une raison suffisante de son existence — sont des formules différentes de la même nécessité intellectuelle. La cause, la raison, expriment l'une et l'autre le rapport à autre chose qu'implique chaque jugement donné du moment que nous voulons le juger à son tour.

Il paraîtra étrange que la loi de causalité ne puisse être que l'application de notre faculté de juger à un jugement donné, et que, par le fait

seul que nous, recherchons le rapport d'un jugement à autre chose, cette autre chose apparaît nécessairement comme sa cause.

Il semble plutôt que par le second jugement
nous n'exprimions qu'un nouveau rapport soit du
sujet, soit de l'attribut, tout comme dans le
premier jugement. En ce cas nous n'émettons
qu'une série de jugements simples ; Pierre exi** ,
il est grand, il est fort, son existence est calme,
sa taille est celle d'un géant, sa force celle
d'un hercule etc. Tous ces jugements, qui expriment
des rapports contenus, soit dans le sujet soit dans
l'attribut, ne sont que des jugements simples et
n'expriment en aucune manière un rapport d'un
jugement en tant que jugement à autre chose.
Sous cette dernière forme, c'est-à-dire sous la forme
régie par la loi de causalité, il s'agit de juger
non pas tel sujet ou, tel attribut, mais il s'agit de
juger un jugement dans son ensemble, de percevoir
un rapport nouveau, non pas du sujet ou de l'attribut du premier jugement, mais de l'ensemble
même du premier jugement.

Pierre est grand — quels rapports ce jugement,
en tant que jugement, peut-il avoir à autre chose ?
Ses parents sont grands ; il a toujours pris une
nourriture fortifiante ; il s'est livré à beaucoup
d'exercices de corps etc. Quel que soit le rapport
que nous puissions percevoir, supposer ou imaginer,
entre la grandeur de Pierre, en tant qu'elle lui
appartient, et autre chose, cette autre chose sera,
quoi que nous fassions, un jugement du jugement
donné, par suite son explication, sa raison, sa
cause, le *grand jugement* du *petit jugement*.

La différence entre les séries de jugements simples, qui constituent les descriptions, et les jugements de jugements qui forment nos raisonnements,
devient évidente si nous nous donnons la peine d'a-
nalyser le moindre de nos jugements. Dans le jugement, Pierre est grand, Pierre est le sujet, et sa
grandeur est connue, non comme étant une chose
en soi, mais comme existant dans et par Pierre ;
elle est déjà l'expression d'un rapport contenu dans
Pierre. Or, en appliquant notre faculté de juger à
l'existence de ce rapport dans Pierre, et en recherchant, par suite du caractère de notre faculté de
juger, un rapport du rapport du sujet à autre
chose, ce rapport devient nécessairement le sujet
du second jugement, et enveloppe à la fois le
premier sujet et son attribut. Ce n'est point un
nouvel attribut du sujet, ni un attribut du premier
attribut, mais c'est un sujet nouveau, celui du second jugement que nous concevons en rapport avec
le premier jugement en tant qu'il renferme le
sujet et l'attribut qui lui est propre. Comme tel il
en devient la raison, la cause, l'explication, puisque
par la forme même de sa conception il implique
l'existence du premier sujet en tant qu'il renferme
son attribut.

Nous ne prétendons point que cette raison, cette
cause soit la véritable. Nous verrons bientôt quelles
sont les règles de la découverte des causes vraies.
Nous ne voulons que constater l'évidence et la
nécessité de l'acte intellectuel dont la loi de causalité est l'expression. Supposons un jugement
absolument imaginaire, mais conçu en rapport avec
le jugement donné, que Pierre, qui est grand, est

né, par exemple, un jour de pleine lune, alors la pleine lune deviendra nécessairement la cause de la grandeur de Pierre, puisqu'elle est supposée en rapport avec le jugement : Pierre est grand. Prenons même deux jugements sans aucun rapport entre eux : Pierre est grand et cette porte est petite. Concevons un rapport entre eux et aussitôt l'un des jugements enveloppera l'autre et il en surgira un rapport de causalité. Cette porte est petite, donc Pierre ne passera pas dessous.

Nous pourrions multiplier les exemples, toujours la même nécessité renaîtra avec la même évidence. Percevoir le rapport à autre chose d'un jugement donné, c'est en penser la raison, la cause, c'est non plus juger, mais *raisonner*.

Origine de l'idée de cause. L'origine attribuée à l'idée de cause, et les différentes théories émises sur cette origine, ne sont elles-mêmes qu'un curieux exemple de la justesse de notre observation. Nous n'avons pas l'idée *d'une* cause, mais l'idée *de* cause en vertu de laquelle nous supposons à tout phénomène sa cause. Quelle est la raison de ce jugement ?

L'une des principales écoles de la philosophie moderne, cherchant le rapport à autre chose de ce jugement, crut le trouver dans la succession régulière des phénomènes, et appela l'antécédent la cause, le conséquent l'effet ; il en résulta qu'elle fit tout naturellement de la succession des phénomènes la cause de l'idée. L'autre école rechercha de même le rapport à autre chose de ce jugement, mais voyant que nous supposions l'idée de cause non seulement aux phénomènes, dont la succession constante était connue, mais à tous les phénomènes absolu-

ment, elle en conclut que c'était la pensée elle-
même qui produisait spontanément l'idée, qu'elle
lui était en quelque sorte innée. En réalité les
deux écoles répondirent à la question par la question. Elles renversèrent simplement les termes et
crurent naïvement avoir trouvé le rapport qu'elles
avaient cherché ; — Nous attribuons un rapport de
causalité à la succession de certains phénomènes,
donc cette succession est la raison de l'idée de cause !
ou bien, le caractère inné de l'idée de cause est la
raison du rapport de causalité que nous attribuons
à la succession des phénomènes ! — Pendant deux
siècles on a discuté sur la forme de poser les termes de la question ; pendant des siècles l'on
pourrait continuer de la sorte sans parvenir à
s'entendre.

Lorsqu'un enfant se propose d'aller *immédiatement*
d'un objet à un autre qui se trouve à distance, il
ne songe pas à concevoir la ligne droite, et cependant il conçoit une ligne droite en allant par la
pensée *immédiatement* d'un point à un autre ; de
même il ne sait pas, en construisant un cercle dont
il cherche à rendre la courbe la moins irrégulière
possible, qu'il trace mentalement un cercle parfait
par un mouvement en quelque sorte uniformément
varié de sa pensée. Ce n'est que bien plus tard
que l'acte, d'aller immédiatement par la pensée d'un
objet à un autre, deviendra l'idée distincte de la
ligne droite, et qu'il concevra la propriété de la
circonférence d'un cercle d'être partout à égale
distance d'un point appelé centre. Nous nous formons d'une manière semblable l'idée de cause, et
toutes les idées que nous appelons abstraites. Elles

sont l'expression d'actes propres à notre intelligence.

Nous voulons juger, comprendre un jugement donné, et, sans avoir la moindre notion ou d'une cause ou d'une causalité quelconque, nous cherchons à percevoir un rapport de ce jugement à autre chose par le seul fait que nous voulons le juger, le comprendre. Plus tard, nous appellerons cette autre chose la cause ou la raison, nous nous éleverons même à la formule qu'il n'y a point d'effet sans cause, ou que toute chose a sa raison suffisante, sans nous rendre compte de leur origine véritable, de la faculté de juger qui leur a donné naissance. L'idée cependant ne nous paraît nécessaire et l'axiome ne nous semble évident que parce qu'ils dérivent l'un et l'autre d'un acte nécessaire, spontané de notre intelligence, du jugement de jugements donnés.

Une difficulté toutefois peut être soulevée à propos de cette origine si simple de l'idée de cause et du caractère de la loi de causalité. Nous ne pouvons pas, dit la loi, juger un jugement sans lui supposer un rapport à autre chose, sa cause, supposition qui est subjective et n'explique, semble-t-il, en aucune façon la certitude absolue avec laquelle, sans songer à notre faculté de juger, nous attribuons spontanément à tout phénomène extérieur, non subjectif, sa cause.

Cette objection, qui est en réalité un retour aux cercles vicieux des écoles sensualistes et idéalistes, résultat de notre tendance à répondre à la question par la question dans tous les actes nécessaires de notre intelligence, provient purement et simplement de la spontanéité même avec laquelle nous concevons nos jugements. Nous attribuons spontanément à tout phénomène, qu'il s'agisse du monde extérieur ou de notre propre vie intellectuelle, sa cause par le seul fait que nous les pensons avec l'attribut de l'existence. [1]) Sans y réfléchir autrement, nous faisons d'une simple perception un jugement, auquel nous appliquons notre faculté de juger en concevant la nécessité de son rapport à autre chose. C'est à tel point que si nous imaginons une chimère, un fantôme, une apparition fantastique, nous n'attribuons pas son existence au monde extérieur, mais à nous-mêmes, et *vice-versâ* nous attribuons à des phénomènes extérieurs des raisons qui nous sont propres, comme la pesanteur, avec la conscience parfaite qu'elle est une sensation personnelle. Nous allons même plus loin ; lorsque nous nous trouvons dans l'impuissance d'attribuer à un phénomène une cause quelconque, nous inventons le hasard pour l'expliquer. Enfin, lorsque nous pensons à l'existence de l'être absolu, nous affirmons que l'être absolu est de toute nécessité par lui-même, qu'il est la raison d'être, la cause de son existence propre, sans pouvoir cependant comprendre cette existence, car nous ne pouvons plus concevoir de rapport entre elle et l'existence d'autre chose.

Les exceptions apparentes de l'application de la

---

1) Il ne faut pas confondre cette attribution de l'existence dans nos jugements avec la certitude instinctive que nous possédons de notre existence propre et de celle du monde extérieur, que nous expliquerons dans la suite.

loi de causalité en confirment la spontanéité et l'é-vidente nécessité.

C'est pour n'avoir point compris ces caractères de la loi, dans l'analyse lente et difficultueuse des actes spontanés de notre intelligence, qu'on a été conduit à croire, comme Hume, qu'il y avait des jugements simples de causalité, tels que le feu brûle, le cheval court.

Pourquoi ces jugements nous semblent-ils plutôt des jugements de causalité, que : le feu est éteint, le cheval dort ? — Dans les premiers se trouve impliquée, sans nous en rendre distinctement compte, la notion du mouvement, qui dans les seconds fait défaut. Aussi les uns sont loin d'être des jugements simples au même titre que les autres. Ils sont dans leurs formes complètes de véritables raisonnements. Nous éprouvons de la chaleur à l'occasion d'un feu qui brûle et nous concluons, par le rapport que nous percevons entre le feu qui brûle et la sensation que nous éprouvons, que le feu est cause de la chaleur, que, *le feu brûle* est un jugement de causalité.

Il n'y a pas, il ne saurait y avoir de jugements simples par causalité. Tous les jugements simples sont des jugements par attribution. Ce cheval existe, il court, il dort, il est blanc, il a quatre pieds, il respire etc. Les jugements par causalité, si simple que soit leur forme, sont toujours des jugements de jugements, des raisonnements. Nous aurions déja pu prévoir cette nécessité à l'analyse des formules de la loi de causalité dont la plus évidente : point d'effet sans cause, suppose un jugement sur l'existence de l'effet et un second jugement établissant son rapport à l'existence d'autre chose, sa cause.

Les deux jugements peuvent bien être réunis en un seul, mais c'est à la condition de leur faire perdre aussitôt le caractère de jugements par causalité pour en faire de simples jugements par attribution : le feu brûle, le cheval court, l'eau coule, les corps s'attirent — supposent, du moment que nous voulons les juger, leur rapport à autre chose, leur raison, leur cause.

S'il existait des jugements simples de causalité, notre développement intellectuel et nos progrès scientifiques seraient inexplicables.

L'axiome de causalité est à l'axiome d'attribution ce que celui-ci est au principe de contradiction, ce que notre faculté de raisonner est à notre faculté de juger et celle-ci à notre faculté de sentir ou de percevoir. C'est de ces facultés, ou plutôt, des divers degrés d'action, de la même faculté de penser, que ces différentes formules sont l'expression. Nous ne raisonnons, nous ne réfléchissons pas parce que l'axiome de causalité ou l'idée de cause nous sont innés, mais parce que la faculté de juger des jugements donnés, celle de raisonner nous est innée. Les axiomes ne nous paraissent évidents et universels et les idées de l'être, de la substance de la cause ne nous semblent nécessaires, que parce qu'ils dérivent et sont l'expression d'actes spontanés et nécéssaires de notre pensée.

On a pu commettre toutes les confusions imaginables, se livrer à toutes les interprétations possibles sur l'origine, le sens et la portée de ces idées et de ces axiomes. Ces interprétations et ces con-

Sens de la loi de causalité.

fusions ont été au même titre des applications de
la loi.

La loi ne nous enseigne absolument rien d'une
cause quelconque. Sa formule la plus complète
est que pour juger un jugement donné il faut
percevoir son rapport à autre chose, ou bien, si
nous lui donnons la forme négative de l'axiome,
rien ne nous est intelligible dans son existence si nous
ne percevons pas son rapport à autre chose. La loi,
comme l'axiome ou l'idée de cause, restent muets
aussi bien sur la nature de cette chose que sur les
caractères de ce rapport.

Pas plus que l'axiome d'identité et · l'idée de
l'être ne nous enseignent l'être de quoi que ce soit,
ou l'axiome d'attribution et l'idée de substance,
un attribut ou sujet quelconque, la loi de causalité ot l'idée de cause ne nous dévoilent la moindre
cause ou le moindre rapport de l'effet avec sa
cause.

L'affirmation de l'existence d'une cause, aussi
bien que celle de son rapport avec l'effet perçu,
est une nécessité de notre faculté de juger appliquée à l'ensemble de tout jugement donné ; mais
de même que l'effet doit-être perçu pour devenir
idée, la cause doit être recherchée et perçue pour
que la pensée puisse transformer la simple nécessité
de juger en un raisonnement.

Il en est résulté une diversité infiniment plus
grande encore dans les applications qui ont été
faites de la loi de causalité que dans les interprétations qui en ont été données. A tel point qu'on
peut en formuler la règle générale : dans l'ignorance naturelle aussi bien de la nature de la cause

que de ses rapports à l'effet perçu, les hommes
ont toujours tendu et tendront toujours à prendre
au plus près les causes et leurs rapports avec les
effets, selon le degré de leur puissance intellectuelle et de leurs connaissances.

Depuis l'enfant qui frappe la chaise à laquelle
il s'est heurté, parce qu'il suppose qu'elle a voulu
lui faire mal ; depuis le sauvage qui se prosterne
devant une pierre à contours extraordinaires parce
qu'il se figure qu'elle a un rapport avec l'accident
heureux ou malheureux qui vient de lui arriver,
jusqu'aux grandes croyances des hommes par lesquelles ils ont animé les phénomènes du ciel et de
la nature, en leur attribuant des volontés et des
passions semblables aux leurs, il n'y a point de
rapports de causalité, si imaginaires ou si hypo-
thétiques qu'ils soient, qui n'aient été conçus conformément à la loi que toute chose, pour nous devenir intelligible dans son existence, doit être
conçue en rapport avec autre chose.

Si dès leur origine les hommes ont cherché
l'explication du cours des évènements, de la succession des phénomènes, de leur commencement et
de leur fin, et s'ils ont cru les trouver dans des
rapports de causalité imaginaires, qu'ils se sont
transmis à travers les temps sous la forme de légendes et de fables, pendant la même époque
ils ont aussi inventé le langage et l'écriture, cul-
tivé le sol, découvert la fusion des métaux et jeté
les fondements de leur civilisation future.

Dans ces grandes découvertes et inventions, dignes
des progrès les plus mémorables de la science des
derniers siècles, les hommes ont encore obéi à la
même loi intellectuelle.

*Portée
scientifique
de la loi
de
causalité.*

Le premier qui éprouva une impression au son prononcé par son semblable et lui supposa pour cause la même impression, découvrit la première parole. Il perçut un rapport entre le son prononcé, l'impression qu'il en avait reçue et celle qui l'avait dicté. Ce fut l'origine du langage. Celui qui d'abord observa la croissance des plantes et vit un rapport entre ces plantes et les graines qui en tombaient, conçut un rapport de causalité, ouvrit le sol, sema les graines et inventa l'agriculture. Tout comme celui qui, voyant des pierres d'une nature particulière fondre et changer de forme dans le feu, perçut un rapport entre les caractères de ces pierres et la chaleur du feu et découvrit la fusion des métaux.

L'invention du langage, les découvertes de l'agriculture et de la fonte des métaux formèrent le point de départ de tous les progrès de l'humanité. Vainement nous chercherions en elles autre chose que l'application pure et simple de notre faculté de juger : un fait donné, un jugement sur ce fait, et un second jugement sur les rapports contenus dans le premier,— pour l'invention du langage entre le son prononcé, et l'impression qui l'avait dicté,— pour la découverte de l'agriculture entre la croissance de la plante et la graine qui en était tombée,— pour la fusion des métaux, entre le minerai et la chaleur du feu.

Entre les premières grandes découvertes et inventions, et les fables et croyances que la tradition et l'histoire nous ont transmises, il n'y a qu'une différence. Elle n'existe pas dans l'application de la loi de causalité, mais dans la circonstance

que dans ces inventions et découvertes la cause
supposée répondait à la réalité des faits, tandis
que dans les fables et croyances elle n'y répondait
point.

Cette différence entre les causes que nous pouvons découvrir, supposer ou imaginer est tellement profonde qu'elle se manifeste jusque dans
les formules de la loi de causalité.

Le principe *nihil est sine ratione aut sit aut non sit,*
que Leibnitz envisageait comme le principe qui par
son évidence et son universalité succède à celui de
contradiction, n'a évidemment point le même sens
que l'axiome, point d'effet sans cause. Ce dernier
est infiniment plus précis, suppose un rapport entre l'existence de l'effet et celle de la cause, leur
dépendance réciproque, nécessaire. Il n'en est point
de même du principe de la raison suffisante ; il a
un caractère beaucoup plus subjectif, la liaison de
l'effet et de la cause y paraît plus indéterminée,
plus lointaine.

Souvent, une raison nous suffit et nous détermine
dans nos actes, qui n'a qu'un rapport purement
imaginaire avec l'effet perçu. Qu'on se rappelle en
histoire les guerres religieuses, dans les sciences
l'astrologie et l'alchimie, et l'on comprendra aussitôt
combien de raisons peuvent paraître plausibles, sans
avoir d'autres rapports de causalité avec les faits
que notre seule imagination.

Il en est en cela de la raison suffisante comme
du hasard. La première est l'expresion des causes
que nous supposons aux effets perçus, causes qui
répondent à notre état intellectuel du moment,
tandis que le hasard n'est que l'affirmation d'une

Le principe de la raison suffisante, l'axiome de causalité et le hasard.

cause indéterminable par suite du même état intellectuel. Sans la loi de causalité nous songerions aussi peu à rechercher les causes qui suffisent à notre intelligence, que nous ne supposerions le hasard pour expliquer l'existence de causes insaisissables.

Quant à l'axiome de causalité, point d'effet sans cause, il se distingue du hasard et du principe de la raison suffisante par sa concision et la précision du rapport impliqué dans l'affirmation de l'existence de l'effet et de l'existence de la cause. Mais sa formule ne comprend pas plus que les autres l'expression d'un rapport précis ; elle présente en réalité les deux notions comme absolument distinctes, sans lien intelligible d'aucune sorte, d'où le caractère à la fois si évident et si difficile à comprendre de l'axiome.

Quelle que soit du reste la valeur relative de ces formes et formules de la loi de causalité et si grandes que puissent être les différences entre les applications et les interprétations qui en ont été faites, loin d'en troubler l'évidence, elles la confirment. Toutes se réduisent en dernière analyse à la constatation que dans notre recherche des rapports de nos jugements à autre chose, dans nos jugements de jugements, nous pouvons percevoir, supposer, affirmer des rapports de toute sorte selon nos connaissances acquises et notre développement intellectuel. Et, sous toutes ces formes, la loi intellectuelle renaît avec les mêmes caractères d'évidence et de nécessité : pour comprendre, juger un jugement donné, il faut percevoir ses rapports à autre chose. Appelons cette autre chose hasard, raison suffisante, cause, croyance, hypothèse, fable, légende, peu importe, le phéno- mène intellectuel reste immuable. C'est le premier pas par lequel notre intelligence s'élève au-dessus de la perception et des jugements simples.

C'est aussi le premier pas vers la science des choses.

Quand cette science devient-elle la découverte d'une cause vraie? question qui résume en elle les difficultés les plus grandes de la solution de- mandée par l'Académie.

L'expérience et la loi de causalité.

Nous venons d'observer que dès leur origine les hommes imaginèrent, en obéissant à la loi de cau- salité, des croyances et des fables de toutes sortes, en même temps qu'ils firent les découvertes du langage, de l'agriculture et de la fonte des métaux, sources premières de leurs progrès. Nous avons appelé ces dernières des découvertes véritables, parce qu'elles étaient confirmées par les faits, les autres des hypothèses pures parce qu'elles échap- paient à la possibilité d'une preuve.

De cette différence entre les connaissances et les croyances résulta que, dans le développement intel- lectuel de l'humanité, un abîme de plus en plus profond sépara les unes des autres. Les connais- sances, toujours confirmées par les faits, ne firent que croître et s'étendre, les croyances, dues à l'i- magination individuelle ou aux époques enfantines des peuples, disparurent successivement ou se mo- difièrent avec les traditions.

Il en dériva qu'on finit par attribuer une impor- tance de plus en plus grande à l'expérience, sur- tout lorsque les connaissances se furent transfor-

mées en des sciences régulières. Il semblait que la
loi de causalité qui, dans son action instinctive,
n'enseignait ni la cause réelle, ni aucun des rapports qui l'unissait à son effet, ne pouvait acquérir
une portée sérieuse que lorsque la cause supposée
d'un fait se trouvait expérimentalement confirmée.
On en conclut que c'était dans l'expérience, et non
dans les lois intellectuelles, qu'il fallait chercher
la source des progrès scientifiques.

Copernic, Tycho-Brahé, Kepler firent des découvertes immortelles, tous les trois cependant con-
tinuèrent à croire en l'astrologie, fermement convaincus que non seulement l'expérience des siècles,
mais encore leur expérience journalière confirmait
leurs prédictions. Il en fut de même des alchimistes, Leibnitz encore croyait à leur œuvre.

Il y aurait donc deux expériences, l'une nous con-
firmant dans l'erreur, l'autre dans la vérité ; et,
s'il y a deux expériences, l'une vraie, l'autre fausse,
comment se fait-il que des esprits aussi éminents
que les Leibnitz, les Copernic, les Kepler, n'aient
point su les distinguer ?

Les singes vont se chauffer au feu allumé par
les voyageurs et ne songent pas à l'entretenir ; un
enfant au contraire voit, grâce à la nature de son
intelligence, le rapport qui existe entre le feu qui
brûle et le bois qu'on y a mis ; tandis qu'un savant,
comme Stahl, en expliquera la cause par le phlogistique. Comment se fait-il que le même fait expérimental, le bois qui brûle, laisse le singe dans
l'ignorance, confirme le raisonnement de l'enfant et
détruise celui du grand chimiste ? Le fait est le
même, l'expérience identique ; elle ne peut donc

rendre compte de la différence qui existe entre le jugement de l'enfant et celui du savant, ni expliquer l'incapacité du singe à saisir ce rapport de causalité. C'est dans les caractères des actes intellectuels qu'il faut chercher la cause de ces différences et non dans le fait expérimental.

De plus, si la loi de causalité ne nous enseigne rien au sujet de la vérité ou de la fausseté de la cause supposée, l'expérience de son côté ne nous révèle jamais l'existence d'un rapport de causalité quelconque. Tout ce que nous y découvrons, c'est la succession plus ou moins régulière et constante des phénomènes ; mais le lien qui les unit, la raison pour laquelle le premier des phénomènes est nécessairement la cause de celui qui le suit, si régulière et si constante que soit cette succession, l'expérience nous la donne si peu que parfois, c'est le phénomène postérieur qui devient la cause de celui qui le précède, comme dans l'exemple cité plus haut du jour qui précède l'apparition du soleil. La décomposition de l'eau engendre de l'hydrogène et de l'oxygène ; l'eau serait-elle la cause des deux gaz ? ou la combinaison des deux gaz serait-elle plutôt la cause de l'eau ? — L'expérience nous enseigne aussi bien l'un que l'autre ; quelle sera la conclusion juste ? — Pour la trouver, nous ferons de nouvelles expériences, mais pour chacune d'elles la même difficulté renaîtra ; toujours l'expérience ne nous donnera que la succession des phénomènes.

De quelque façon que nous examinions le rôle et la portée scientifique de l'expérience, jamais elle ne nous montre par elle-même le lien qui unit nécessairement l'effet à sa cause, pas plus que la loi

6

de causalité ne nous révèle une cause quelconque.

C'est donc dans les jugements que nous portons, soit sur la nature des causes, soit sur les liens qui les unissent à leurs effets, que nous devons chercher la raison de nos découvertes et de nos inventions. et non pas dans l'expérience. Et c'est encore dans les différents caractères de ces jugements que nous devons trouver les raisons qui font que dans certaines circonstances l'expérience les confirme et dans d'autres ne les confirme pas.

Le principe de contradiction et la faculté de juger.

Toute chose, pour devenir l'objet d'un jugement, suppose un rapport à autre chose. Une chose sans rapport à une autre est sans jugement possible. Qu'est-ce donc que le rapport d'une chose à une autre ? Est-ce un élément différent des deux ?

Evidemment non, puisque pour être intelligible, ce rapport doit être contenu en elles.

Peut-il être différent en tant qu'il existe dans une chose et différent en tant qu'il existe dans une autre ?

Evidemment non encore ; car nous penserions un seul et même rapport à la fois sous deux formes différentes, et rien ne peut être et n'être pas à la fois.

Si divers que puissent être les objets concrets, que parmi les milliards de feuilles d'une même espèce d'arbres aucune ne ressemble à l'autre, nous ne nous formons pas moins une idée commune à toutes : l'idée générale de leur forme.

Que nos idées générales dérivent de la perception de simples attributs de mouvements, de formes, de couleurs, de sons etc., ou qu'elles représentent des rapports entre les objets dans leur ensemble, comme

cheval, lion, homme et constituent ainsi nos idées
de genres et d'espèces, le principe intellectuel reste le
même. Les premières sont plus simples, les secondes
plus complexes, mais elles représentent toutes des
rapports identiques, c'est-à-dire, des rapports perçus absolument de la même manière en chacun des
objets divers.

Bien que la même expression générale paraisse
contenir tantôt des rapports plus étendus, tantôt
moins étendus; que nous disions d'une manière
différente Pierre et Paul sont des hommes, que lorsque nous l'affirmons d'un enfant, d'un nègre et
d'une femme, les rapports exprimés dans chacun
de ces jugements n'en restent pas moins absolument
identiques; Pierre et Paul sont des hommes de
la même manière; l'enfant, la femme, le nègre le
sont encore, quoique d'une manière moins complexe.
L'identité des rapports affirmés est la condition
première de tout jugement possible. Un chien et
un cheval ne sont ni deux chiens ni deux chevaux,
mais deux animaux. Un animal et une plante ne
sont ni deux plantes ni deux animaux, mais deux
êtres organisés, etc. L'identité des rapports affirmés
dans nos jugements est à tel point une nécessité
intellectuelle, que même les images les plus lointaines ne nous deviennent intelligibles qu'à la condition de représenter des rapports identiques. La
terre, dit l'Indien, est comme une fleur de Lotus;
il se figure que la terre nage sur l'Océan, comme
la fleur de Lotus sur le fleuve sacré.

*Les jugements ne nous sont intelligibles qu'en raison
du rapport d'identité qu'ils expriment.*

Les
rapports
lointains
et partiels
et les
rapports
immédiats
et
complets.

Nous pouvons dire, cette pierre *veut* tomber, cette plante *veut* croître ; jugements que nous ne pouvons comprendre qu'en supposant un rapport d'identité, si lointain qu'il soit, entre l'état de cette plante, de cette pierre, et la volonté dont nous avons conscience. Que nous ne saisissions en aucune façon l'identité du rapport exprimé par le mot *vouloir*, et les deux jugements nous paraîtront également intelligibles ou également absurdes.

Le langage imagé des poètes, les saillies de l'homme d'esprit nous frappent d'autant plus que les rapports *d'identité* qu'ils expriment sont à la fois plus éclatants et plus lointains. Il n'y a dans ces sortes de jugements ni terme ni limite ; l'imagination, la fantaisie, l'esprit s'y donnent libre cours.

Il n'en est pas de même de la seconde espèce d'idées exprimant des rapports, telles que Paul est un homme, la rose est une fleur. Dans les précédents jugements, cette pierre *veut* tomber, cette plante *veut* croître, nous pouvons remplacer l'expression de *veut* par toute autre, comme, cette pierre manque de soutien, cette plante bourgeonne, pour exprimer, sans d'autres formes, le même fait. Cela est impossible dans les seconds jugements, si nous ôtons les rapports impliqués dans la notion générale homme, Paul cesse d'exister, tout comme la rose qui n'est pas une fleur cesse d'être une rose.

Aristote avait parfaitement compris la grande différence qu'il y avait entre les idées générales se rapportant à l'ensemble des rapports impliquant l'existence même des objets et celles qui ne se rapportent qu'à de simples attributs. Il fit de ces idées l'essence substantielle des choses. L'histoire de la philosophie, aussi bien que celle des sciences, démontrent qu'elles n'ont point cette valeur. Un fait n'en subsiste pas moins, c'est qu'en jugeant, c'est-à-dire, en percevant les rapports des choses, nous pouvons le faire d'une façon plus ou moins étendue. Les idées que nous nous en formons seront par suite l'expression plus ou moins complète des rapports qu'implique réellement l'existence des objets. Tantôt ils exprimeront des rapports lointains et partiels, sans lesquels l'existence des objets peut être pensée, tantôt des rapports immédiats et complets sans lesquels l'existence des objets ne saurait être conçue.

Ces considérations, si élémentaires qu'elles paraissent, suffisent pour rendre compte de la doctrine entière de la découverte des causes dans les sciences. Car toute découverte, si surprenante qu'elle semble, n'est en somme autre chose que le résultat d'un raisonnement, lequel à son tour n'est qu'un jugement de jugement, soumis aux mêmes principes et par suite aussi aux mêmes règles que le plus simple de nos jugements.

Absolument de la même manière que par nos jugements simples nous exprimons des rapports lointains, nous concevons par nos raisonnements des causes lointaines ou imaginaires.

Les causes lointaines et les causes imaginaires.

Inutile de revenir sur les croyances et les fables, sur les rapports de causalité imaginés dans l'enfance de la pensée humaine, le même fait ne se renouvelle que trop souvent dans les sciences elles-mêmes. Nous observons un ensemble d'effets portant un caractère commun, aussitôt nous leur supposons une cause commune et propre ; en d'autres termes, nous nous formons la notion d'une espèce d'entité qui n'existe que dans notre pensée, que dans notre imagination. Ainsi, l'ensemble des phénomènes que présente la vie, par exemple, a conduit à la formation d'une notion distincte à laquelle on les a rapportés tous comme à leur cause et qu'on a appelé la force vitale. Lorsqu'une analyse plus sérieuse eût fait comprendre que les phénomènes vitaux n'étaient autre chose que la résultante de la constitution cellulaire des tissus, aussitôt on a remplacé la notion de la force vitale par celle des forces cellulaires. Le phlogistique au siècle dernier, les universaux au moyen-âge, les natures simples de Bacon, les formes substantielles d'Aristote et les idées de Platon eurent la même origine. A chacune de ces époques on crut sérieusement à l'existence de ces causes, dont l'idée cependant n'existait' que dans l'esprit, et qui se trouvaient sans autre rapport avec les phénomènes, que ceux qui leur étaient imposés par notre façon de penser, et dont la réalité objective est un produit pur de notre imagination.

Les causes lointaines ont le même caractère. La cause que Pierre existe et vit sont ses parents, qui lui ont donné naissance. Les parents de Pierre existent cependant d'une façon absolument indépendante de Pierre, et s'ils sont morts, ils ne peuvent plus en aucune façon être la cause, pour laquelle Pierre continue à exister et à vivre. Des causes disparues ne sauraient agir. La causalité rigoureuse, précise qui revient aux parents de Pierre, est évidemment lointaine, elle se réduit pour le père à l'accomplissement de l'acte du mariage et pour la mère elle s'étend jusqu'à l'époque de la gestation ;

mais aussitôt que Pierre était né, son existence a eu ses causes propres tout comme celle de ses parents.

Il en est de même de toutes les causes que nous appelons lointaines. Tant que la cause coexistante à l'effet n'est point connue et tant que le lien qui l'unit à son effet n'est point découvert, il n'y a point de connaissance scientifique véritable.

A ce titre les raisonnements, tels que le feu nous chauffe parce qu'il brûle, le soleil nous éclaire parce qu'il luit, ont le même caractère, quoique la cause, dans les deux cas, paraisse proche et non lointaine comme dans l'exemple précédent. Les rapports qui existent entre la lumière et notre sensation de voir, le feu et notre sensation de la chaleur n'en sont pas moins lointains. Le fait est proche, mais la connaissance des rapports qu'il implique n'en est que plus éloignée.

Sentant toutes les difficultés qui entourent la découverte des causes véritables, les philosophes, comme les savants, ont inventé d'innombrables méthodes ; celles de l'*a posteriori* et de l'*a priori*, de l'expérience et de l'abstraction, de la synthèse et de l'analyse ; les méthodes critique, syllogistique, antinomistique, positiviste, historique ; il n'y a guère de philosophe qui n'ait inventé la sienne ou pour le moins modifié celle d'un autre.

Les méthodes pour découvrir les causes.

Toutes les méthodes, quels que soient leurs titres ou leurs formes, se résument dans deux espèces de raisonnements également élémentaires et vieux comme la logique. Pierre et Paul, tous les hommes, qui ont vécu jusqu'ici, sont morts, donc tous les hommes sont mortels ; ou bien, tous les hommes sont mortels, donc Pierre et Paul, qui sont des hommes, le sont également : Méthode inductive et méthode déductive ; l'une procédant par voie d'énumération pour arriver à une conclusion, qui n'emporte ni universalité ni nécessité ; l'autre qui procède d'une vérité générale qui n'est point démontrée pour en déduire un fait qui, au point de vue de la science exacte, reste de même une hypothèse. Parce que tous les hommes sont morts jusqu'ici, cela ne prouve pas plus que Pierre et Paul sont de toute évidence et de toute nécessité mortels, que le fait de la mortalité de tous les hommes ne démontre qu'il ne puisse y avoir d'hommes immortels. Les deux raisonnements sont également incomplets.

On n'en a pas moins tenu à leur double forme jusqu'au point de diviser, non seulement nos raisonnements, mais encore nos facultés intellectuelles et les sciences elles-mêmes en déductives et en inductives.

Si nous nous arrêtons à ces considérations, c'est qu'elles constituent le premier et le plus grand obstacle qu'on a toujours rencontré pour établir les règles des raisonnements justes par causalité, de ceux qui donnent la découverte des causes véritables.

La déduction et l'induction. Peut-on déduire d'une connaissance, fût-ce d'un axiome ou d'une définition, une autre connaissance ?

Les lois intellectuelles, point d'attribut sans sujet, pas d'effet sans cause, n'enseignent pas plus un sujet ou une cause, qu'un attribut ou un effet ; l'axiome que le tout est plus grand que la partie ne dévoile pas la moindre partie d'un tout quelconque. Mais donnez un effet, un attribut, une partie, et l'enfant le moins instruit pensera et agira immédiatement conformément aux lois qui régissent son intelligence; l'attribut lui fera supposer le sujet, l'effet la cause, la partie le tout.

Il en est de même des définitions. C'est un lieu commun, même parmi les mathématiciens, de dire que leur science dérive de ses définitions. Un triangle est une figure plane à trois côtés, c'est-à-dire, qu'un triangle est un triangle. Que déduire de ce fait? — Le plan, les angles, les côtés, mais ils constituent les éléments même de la définition. Pour progresser dans la connaissance des propriétés du triangle, il faut procéder d'une toute autre manière; il faut saisir les rapports qui existent entre ces plans, ces angles, ces côtés, entre leurs prolongements, entre les lignes qui les divisent, les angles, parallèles, etc. C'est par la perception des rapports, c'est-à-dire, par la formation d'idées nouvelles et distinctes que la connaissance des propriétés du triangle s'acquiert et se développe.

Si nous pouvions déduire la moindre notion nouvelle d'une définition ou d'une idée donnée, penser ne serait point percevoir les rapports des choses, mais ce serait percevoir le contenu de la pensée elle-même; nous aurions une pensée de notre pensée et nos idées seraient comme ces boîtes chinoises, dont la plus grande contient toujours une plus petite.

Notre observation est tellement juste, que des progrès considérables ont été accomplis dans les mathématiques, comme la découverte du calcul intégral, en les fondant sur des données dont les définitions nous sont absolument impossibles. Les infiniment grands comme les infiniment petits nous sont indéfinissables, nous ne pouvons nous en faire la moindre notion précise. Mais ils sont tout comme la ligne ou le cercle, le point ou le nombre, l'expression d'actes intellectuels dont nous nous sommes formé des notions diverses et qui appliqués les uns aux autres par les rapports que la pensée perçoit entre eux, engendrent toute la science des mathématiques. Celle-ci ne serait qu'une vaine phraséologie, si elle ne reposait que sur les axiomes, et une tautologie éternelle, si elle n'avait d'autres fondements que les définitions.

Il en est des définitions dans les mathématiques, comme des figures au tableau. Tracez le cercle le plus inégal, mais pensez juste, et vous démontrerez avec évidence tous les rapports que contiennent sa circonférence et ses sections, ses rayons, ses tangentes, son diamètre, comme si le cercle tracé était parfait. Faites même des hypothèses que vous ne pouvez ni définir, ni tracer; par exemple, dites que la circonférence est composée d'une infinité de lignes droites, et, par la perception des rapports qui, dans cette hypothèse, existent entre la circonférence et le diamètre, vous découvrirez le nombre π, lequel loin d'être fondé sur un axiome ou sur une définition, ne l'est que sur une hypothèse.

Les découvertes et les progrès des mathématiques sont donc, comme ceux de toutes les autres sciences, le produit, non pas de la déduction, mais de notre simple faculté de juger, c'est-à-dire de notre faculté de percevoir les rapports des choses, idées ou objets, de notre induction.

Il est une espèce d'induction qui a une singulière importance dans la question de la découverte des causes. C'est celle qu'en philosophie l'on confond ordinairement avec l'intuition, et qu'Aristote a défini par son image d'une armée en déroute qui se reforme après que les fuyards se sont arrêtés l'un après l'autre.

Reprenons l'exemple qu'il donne. Nous voulons démontrer à un enfant que les angles d'un triangle valent deux droits. Nous traçons un premier triangle sur le tableau, nous en traçons un second, et chaque fois l'enfant comprend que les angles qui se trouvent sur un côté prolongé du triangle sont égaux à la somme des trois angles. Mais nous ne lui ferons jamais comprendre, quel que soit le nombre des angles que nous tracions, que la démonstration vaut pour tous les triangles possibles, s'il ne le saisit de lui-même, car nous ne tracerons jamais tous les triangles possibles.

Au contraire, si dès le premier ou second triangle dessiné, l'enfant perçoit le rapport d'identité immédiat et complet qui existe entre la figure tracée et tous les triangles possibles, il découvrira de lui-même, car nous ne le lui démontrerons point, que la démonstration vaut pour tous les triangles imaginables. Un enfant dont l'esprit est réfractaire aux mathématiques ou qui est incapable de cette induction, c'est-à-dire de la perception du rapport d'identité immédiat et complet, ne le saisira jamais, malgré toutes nos démonstrations.

Nous voulons prouver de même à un enfant que les pierres tombent parce que les corps s'attirent. Nous n'y parviendrons pas tant que les deux

notions de tomber et de s'attirer resteront distinctes
dans sa pensée. Mais dès qu'il saisira le rapport
d'identité immédiat et complet qu'elles renferment,
il s'en formera une seule et même notion; la preuve
sera faite, c'est-à-dire qu'il aura découvert tout comme
Galilée, la pesanteur.

Démontrer n'est autre chose que faire découvrir
à d'autres les vérités qu'on a soi-même acquises. Et
l'induction véritable, celle qui donne le nécessaire,
l'universel, „le primitif du genre dont il s'agit“ et
„l'idée sans différence avec elle-même“, cette induction consiste toujours dans la perception de rapports identiques, immédiats et complets, contenus
en des données diverses.

Ainsi s'explique le passage d'Aristote que nous
avons cité p. 9, et où il parle de l'induction qui
seule donne l'universel et qui seule démontre.

Les raisonnements complets par causalité. Les deux formes vulgaires du raisonnement, dont
l'une dérive de l'idée fausse qu'on se fait de la dé-
duction, et l'autre de la croyance que l'induction
procède toujours par voie d'énumération, ne donnent
que des raisonnements également incomplets. Le
raisonnement qui dit: Pierre et Paul sont mortels parce
que tous les hommes le sont, suppose une causalité
lointaine et inconnue, car nous ignorons aussi bien
la raison pourquoi tous les hommes sont mortels,
que celle pour laquelle Pierre et Paul le sont.
Tandis que la seconde forme de raisonnement n'est
même pas à la rigueur un raisonnement par causalité. Tous les hommes connus sont morts jusqu'ici,
donc tous les hommes sont mortels, n'est qu'un simple raisonnement par analogie qui, comme tous les
raisonnements de cette espèce n'a de valeur *scien-*

tifique que relativement aux faits réellement constatés. Tous les hommes sont morts jusqu'ici, donc tous
les hommes connus sont morts jusqu'ici. Il ne démontre pas plus que Pierre et Paul sont nécessairement mortels, qu'il ne démontre que tous les hommes le sont.

En procédant suivant les règles d'Aristote et en
appliquant ce que nous venons d'exposer du principe
fondamental de notre faculté de juger, essayons de
transformer le jugement : Pierre est mortel, en un
raisonnement parfait par causalité.

Quels sont les rapports identiques, immédiats et
complets que renferme Pierre, quel est le primitif
du genre? Il est Parisien, Français, homme, animal,
il est un être vivant. Le primitif du genre dont il
s'agit est évidemment l'être vivant, car c'est comme
être vivant que Pierre est mortel.

Quel est à son tour le rapport identique, immédiat et complet contenu dans tout être vivant en
tant que vivant et en tant que mortel? Qu'elle est l'i-
dée la même contenue dans ces deux données si
différentes ?

Mettons que cette idée, ce rapport d'identité soit
le fait que l'être qui vient de naître vit, croît et
se développe par l'absorption des éléments inorga-
niques contenus dans sa nourriture. Or, si c'est par
cette absorption que l'être se fortifie et grandit,
c'est par elle aussi que ses organes et leurs tissus
s'oblitèrent insensiblement et finissent par retourner
à l'état inorganique, par cela seul qu'après l'arrêt
de sa croissance l'être continue à vivre.

En admettant par hypothèse, que tel soit en effet
le rapport d'identité contenu dans les deux termes

de vivant et mortel, le raisonnement par causalité devient aussitôt complet dans sa forme. Tous les rapports identiques et immédiats, contenus dans le premier jugement, sont connus, et le raisonnement syllogistique, Pierre est mortel parce que tous les hommes le sont, se transforme, par hypothèse bien entendu, en un raisonnement par causalité véritable. Pierre est mortel, parce que tous les êtres qui vivent, croissent et se développent, meurent pour la raison même qui fait qu'ils vivent, croissent et se développent, — l'oblitération continue de leurs organes.

Ce raisonnement n'est qu'une hypothèse, le rapport supposé identique entre l'être en tant que vivant et l'être en tant que susceptible de mourir, est loin d'être immédiat et complet; mais par cela même ce raisonnement fait peut-être d'autant mieux sentir les caractères des raisonnements vraiment scientifiques.

Toutes les découvertes, toutes les inventions des hommes portent ces caractères. Le premier qui perçut un rapport immédiat et complet entre le sentiment qu'avait éveillé en lui le son prononcé par un de ses semblables et le sentiment qui l'avait fait prononcer par celui-ci, découvrit le langage. Si les deux sentiments avaient été différents, les deux hommes ne se seraient pas compris. De même encore le premier qui saisit un rapport immédiat et complet entre les fruits de la plante et ses graines qu'il sema, inventa l'agriculture. S'il avait semé les graines d'une autre plante, il n'aurait pas recueilli les fruits de la première.

De la même manière s'explique encore comment

l'expérience confirme le jugement de l'enfant qui porte le bois au feu pour se chauffer ; son acte représente la perception d'un rapport identique immédiat et complet. Tandis que la même expérience ne confirme pas le jugement de Stahl parce qu'il supposait que le feu ne chauffait et que le bois ne brûlait que parce qu'ils renformaient le phlogistique, lequel ne représentait qu'un rapport de causalité imaginaire entre le feu et le bois.

Enfin, ainsi s'expliquent toutes les grandes découvertes des sciences et la théorie en apparence si incomplète d'Aristote. Pourquoi les pierres tombent-elles ? — Parce que tous les corps qui renforment des rapports immédiats et complets avec les pierres, le primitif du genre dont il s'agit, tombent les uns vers les autres en raison directe des masses et en raison inverse du carré des distances, formule du rapport vraiment immédiat et complet et pour la masse comme pour la distance, l'idée sans différence avec elle-même contenue dans tous les corps indistinctement.

Aristote n'a point fait la distinction que nous établissons entre le primitif du genre et l'idée la même. Il les confondait tous deux avec l'essence substantielle des choses ; ce fut la raison pour laquelle sa théorie des causes ne fut point comprise.

La cause scientifique d'une chose est toujours, comme le dit Aristote, le primitif du genre dont il s'agit.

La cause
primitif
du
genre
dont il
s'agit.

A part la confusion commise par le péripatéticien, l'habitude que nous avons de nous contenter dans la plupart de nos raisonnements de causes lointaines ou imaginaires, de même que l'espèce d'entité que nous avons faite de l'idée de cause nous empêchent de comprendre l'évidence et la nécessité de la règle aristotélicienne.

De toutes les idées que nous pouvons concevoir comme se trouvant en rapport avec l'existence des choses, il n'y a évidemment que celles qui par elles-mêmes comprennent cette existence, qui puissent être considérées comme leur cause, leur raison d'être d'une manière complète et immédiate. Et ces idées représentent nécessairement le primitif du genre des choses données, car sans l'existence du genre dont il s'agit, aucun des effets particuliers n'existerait. Si les pierres tombent, c'est parce qu'il y a des corps, si les hommes meurent, c'est parce qu'il y a des êtres vivants. S'il n'y avait point d'êtres vivants, il n'y aurait point d'hommes qui pourraient mourir, et s'il n'y avait point de corps, il n'y aurait point de pierres qui pourraient tomber.

L'erreur d'Aristote ne consiste point dans sa règle, mais dans le fait qu'il crut que la notion générale de l'espèce dans le genre représentait la cause immuable. Les jugements Pierre existe, Pierre tombe, il est mortel, il est intelligent, se rapportent, si nous voulons émettre un jugement de causalité sur ces jugements simples, à des genres fort différents. Pierre est intelligent parce qu'il l'est à la façon de tous les hommes; il est mortel, parce que tous les êtres vivants le sont; il tombe, parce que tous les corps tombent; et il existe, parce que toutes les choses qui existent sont. L'erreur d'Aristote lui vient de Platon et remonte jusqu'à l'être im-

muable du Parménide. Il crut que des choses réelles
répondaient dans la nature à nos idées, tandis
qu'elles ne représentent que des rapports ; il attri-
bua par suite la cause à l'idée générale du sujet,
sans laquelle son existence ne pouvait être pensée.
Les idées des espèces dans le genre devinrent ainsi
les essences substantielles et immuables des choses,
tandis qu'elles ne sont que l'expression des rapports
identiques immédiats et complets contenus dans des
sujets divers.

Du même fait dérive encore la mobilité du genre
dans la recherche de la cause d'un sujet, et la
nécessité que cette cause se rapporte au sujet
en tant qu'il est donné par son attribut. Pierre
n'existe pas, parce qu'il est un être intelligent :
il ne tombe pas, parce qu'il est un être vivant. Le
primitif du genre dont il s'agit ne doit pas être
entendu dans le sens étroit d'Aristote, mais suivant
le sens de la loi intellectuelle, dans son entière
portée, comme l'expression d'un jugement sur l'ensemble d'un jugement donné.

Cette signification du primitif du genre dont il
s'agit, de la cause réelle, nous donne en outre
l'explication de tous les jugements par causalité
lointaine ou imaginaire. Tandis que le primitif du
genre est toujours représenté par l'idée qui implique
les rapports immédiats et complets du sujet en
tant qu'il est donné, emporte son existence et constitue sa cause scientifique, la cause lointaine ne
suppose jamais que l'un ou l'autre rapport particulier de causalité. Pierre tombe, parce qu'il ne fait
pas attention ; la causalité existe, mais elle est lointaine ; si les corps ne tombaient point, Pierre aurait

beau ne pas faire attention, qu'il ne pourrait tomber. Quant aux causes imaginaires et à leurs rapports de causalité, ils ne sont pas même partiellement contenus dans l'effet. Pierre tombe, parce que quelqu'un lui a jeté un sort. Les causes lointaines et les causes imaginaires se distinguent des causes vraiment scientifiques, des causes par lesquelles on sait qu'on sait, comme dit Aristote, par ce qu'elles ne se rapportent pas au primitif du genre dont il s'agit.

Le lien de la cause et de l'effet, le propre de la définition, et la loi.
Cette dernière expression, nous l'avons envisagée jusqu'ici, dans l'analyse de la théorie d'Aristote aussi bien que dans les applications que nous en avons faites, comme différant *de l'idée sans différence avec elle-même.* Aristote cependant les confondait : dans le passage cité, page 8, il indique clairement qu'il entend par l'idée sans différence avec elle-même précisément le primitif du genre, l'idée générale du triangle. Mais il les confondait encore tous deux, ainsi qu'il nous le dit, avec la définition dans laquelle il distinguait cependant l'idée du genre de celle de la dernière différence, du propre.

C'est en ce sens que nous avons toujours employé la seconde expression d'Aristote, sans en donner toutefois le motif, pour ne pas compliquer inutilement une question déjà si complexe. La définition est donnée, d'après Aristote, par la notion du genre et la dernière différence, le propre. En réalité le propre représente, tout comme le genre, une idée la même dans les objets divers, un rapport identique immédiat et complet, mais d'une façon plus particulière, elle donne la notion de l'espèce dans le genre. L'homme est un animal bi-

mane, ou un animal politique, comme disait le stagirite. Peu importe la valeur de l'une et de l'autre
de ces définitions, elles ne sont que des jugements
simples et descriptifs, les plus concis et les plus
complets à la fois, que nous puissions émettre sur
un sujet ; elles ne se rapportent pas au jugement
d'un jugement et n'ont rien de commun avec les
raisonnements par causalité, sinon qu'elles peuvent
servir de petits jugements.

Ce ne fut point l'avis du Péripatéticien, et il eut
raison à son point de vue. Il suffit, en effet, pour
autant que la définition peut être confondue dans
le sens aristotélicien avec la cause, de remplacer
le propre de la définition par la formule des rapports
identiques immédiats et complets qu'il représente,
pour que nous nous trouvions en présence de la
science la plus parfaite que nous puissions acquérir
non seulement du primitif du genre, de la cause,
mais encore du lien qui l'unit à ces effets, la loi
de son action.

La loi n'est autre chose que la spécification du
genre dont il s'agit. Elle n'est pas l'expression de
tous les rapports qu'impliquent l'existence de la
cause, du primitif, mais elle l'est de tous les rapports du primitif *en tant qu'il est la cause*, le primitif du genre dont il s'agit. Les pierres tombent
parce que les corps s'attirent en raison directe des
masses et en raison inverse du carré des distances,
formule composée de tous les éléments contenus
dans la pierre en tant qu'elle tombe, et qui revient
en même temps au primitif du genre, à toute matière pondérable.

La cause considérée en elle-même est toujours
plus vaste que l'effet, par cela seul qu'elle en com-

prend l'existence, tout comme le genre comprend l'espèce ; mais par cela même aussi la loi, nous allions dire le propre, tellement l'analogie est profonde, doit exprimer tous les rapports identiques immédiats et complets contenus dans l'effet en tant qu'il provient de sa cause. Le lien qui unit l'effet à la cause ne devient évident et n'emporte nécessité qu'en exprimant cette identité.

De là une différence importante entre le propre et la loi. Non seulement la loi exprime tous les rapports identiques et immédiats d'une façon plus complète que le propre, mais encore à l'inverse de la définition qui ne s'applique qu'à l'espèce dans le genre et non aux choses particulières, la loi s'applique également à ces dernières. Pour Aristote, Callias et Socrate sont des êtres politiques, parce qu'ils sont des hommes et non parce qu'ils sont Callias ou Socrate ; tandis que la loi, lorsqu'elle est découverte, s'applique de la même façon à toutes les choses particulières ; telle pierre tombe et elle tombe de telle façon parce qu'elle est telle pierre et non une autre.

Cette différence si considérable entre la portée de „la loi" et le „propre" tient à la même raison que la mobilité du primitif du genre, qui s'étend beaucoup plus loin que ne le croyait Aristote.

Les règles de méthode de Stuart Mill. Lorsque Stuart Mill établit ses méthodes de concordance, de différence et de résidu, il semble qu'il n'ait vu en eux que les phénomènes des corps simples de la chimie. Les corps simples conservent toujours leurs caractères quelles que soient les combinaisons dans lesquelles ils entrent ; si donc dans une combinaison, dans laquelle A se trouve, le phénomène *a* se présente, tandis qu'il ne se présente pas en son absence, c'est que *a* est l'effet de A. Nous avons vu, à l'occasion de cette théorie, que ce n'était en aucune façon le cas et que la véritable cause était non pas A, mais la propriété qu'il possède de se combiner avec d'autres corps et la propriété de ceux-ci de se combiner avec lui. C'est donc la propriété que possèdent les corps simples de se combiner entre eux qui est le primitif du genre dont il s'agit. Quelle est cette propriété ? — Répondre que c'est l'affinité, c'est répondre par un mot ou par une entité, produit de notre faculté de généraliser, de percevoir des rapports d'identité et d'imaginer un objet qui leur répond. Le primitif des phénomènes que présente la combinaison des corps, des phénomènes d'affinité, d'électricité, de chaleur, de lumière, de densité, n'est évidemment pas l'affinité, mais la notion qui, étant découverte, impliquerait leurs rapports identiques, immédiats et complets et donnerait la connaissance du primitif de tous les phénomènes que nous voyons se produire dans la combinaison des corps. Quant à la loi, le lien qui unit cette cause à ses effets, et régit les combinaisons diverses et multiples des corps simples, elle ne nous sera également donnée que par la perception des rapports identiques, immédiats et complets que chaque combinaison comme telle renferme avec la cause.

L'illusion de Stuart Mill et ses trois prétendues méthodes proviennent des façons de procéder qu'il a observées chez les chimistes dans leur analyse et leur synthèse des corps composés ; la concordance, la différence et le résidu y figurent

tour à tour. Mais Stuart Mill n'a point songé que
si le chimiste, en voyant apparaître telle propriété,
conclut à l'existence de tel corps, c'est qu'il connaît
le corps et sa propriété. Son raisonnement se réduit
à un jugement par attribution, comme si je disais :
tel corps a tel poids spécifique, donc c'est tel corps.

Lorsque Stahl, ses contemporains et successeurs
découvrirent les corps simples, aucun n'employa les
méthodes du penseur anglais ; mais ils perçurent
les rapports identiques, immédiats et complets que
certaines propriétés de corps présentaient dans toutes
les circonstances, quels que fussent les agents de
décomposition auxquels on les soumit ; et ils formèrent les notions du primitif du genre des phénomènes dont il s'agissait, les idées de corps indécomposables. Ils obéirent dans leurs découvertes à la
première règle d'Aristote.

Reste à découvrir la loi, le lien qui unit les corps
simples à leurs propriétés. Découverte qui sera encore faite de la même manière par la perception
des rapports d'identité immédiats et complets qui
existent entre tout corps simple et chacune des
propriétés qu'il possède.

Cette découverte n'a pas encore été tentée, malgré la connaissance si profonde que tous nos chimistes possèdent des manipulations de leurs labo-
ratoires, manipulations autrement variées et multiples que les prétendues méthodes du philosophe
anglais.

La
découverte
des causes
et les
classifications
naturelles.

Pour le moment on cherche en chimie un principe
de classification naturelle, découverte qui semble
plus facile à réaliser. Elle ne sera cependant faite
que le jour où l'on aura trouvé soit le primitif et

la loi de la combinaison des corps, soit la loi qui régit les divers degrés des propriétés des corps simples.

La chimie ne saurait sous ce rapport imiter les sciences naturelles. Tous les corps simples possèdent les mêmes propriétés, ils ne diffèrent entre eux que par les degrés de ces propriétés, par leurs proportions, leurs équivalents ; tandis qu'en botanique et en zoologie Jussieu et Cuvier ont pu établir des classifications naturelles par les divers ensembles fort distincts des propriétés qui caractérisent les classes, les genres, les familles. Leurs classifications ne prendront toutefois, comme pour la chimie, une portée vraiment scientifique et ne cesseront d'être de simples descriptions, que le jour où l'on aura trouvé le primitif du genre dont il s'agit et les lois qui régissent l'existence des divers ensembles, classes, genres, espèces, familles, que les caractères servent plus ou moins arbitrairement aujourd'hui à désigner.

Ce n'est qu'à cette condition que les classifications naturelles deviendront des classifications vraiment scientifiques et qu'au lieu de procéder des êtres les plus parfaits aux êtres les moins parfaits, elles procéderont de ces derniers aux premiers, des plus simples aux plus composés. La cause, le primitif du genre étant découvert par la perception des rapports identiques immédiats et complets que leurs caractères multiples et divers renferment, est représenté par la notion la plus générale et la plus simple.

Ces différentes applications de la loi de causalité sont tellement universelles nécessaires, innées à la pensée, qu'en les établissant nous leur avons obéi instinctivement, comme malgré nous. Dans la question si complexe de l'origine des lois intellectuelles et des idées qui les représentent, nous n'avons trouvé d'autre issue que l'acte simple de penser, le primitif du genre dont il s'agissait ; acte qui nous a révélé la loi qui régit toute chose pensée : la loi de l'identité de la chose pensée en tant que pensée, laquelle dans sa formule ordinaire constitue le principe de contradiction. L'acte de penser appliqué au contenu d'un acte déjà pensé nous a révélé une seconde classe de nos actes intellectuels, les jugements, dont l'attribution ou l'axiome de substantialité régit toutes les connaissances que nous pouvons acquérir par la perception des rapports de la chose pensée à autre chose, les attributs des sujets. Enfin, l'acte de penser appliqué à un jugement donné nous a montré une troisième classe de nos actes intellectuels, nos raisonnements, nos jugements de jugements et l'origine de la loi qui les régit, l'axiome de causalité, page 59 à 72.

Quant à la distinction que nous avons établie entre les jugements simples exprimant des rapports lointains et partiels et ceux impliquant des rapports immédiats et complets, nous avons vu qu'ils étaient régis à des degrés plus ou moins parfaits par la même loi d'identité. Loi que nous retrouvons encore avec les mêmes différences dans nos raisonnements par analogie, dans nos croyances et nos hypothèses, dans les découvertes et inventions des sciences.

Nous pourrions faire l'analyse de ces subdivisions, nous reviendrions toujours au même principe ; mais nous nous éloignerions de plus en en plus de la question posée par la haute Assemblée.

Il est toutefois une distinction qu'on a faite entre Objections contre la certitude de la découverte des causes concrètes. les différentes formes de nos decouvertes dans les sciences, dont nous n'avons guère fait mention jusqu'ici et que nous ne pouvons passer sous silence.

On a dit et répété que, malgré toutes les découvertes des causes et de leurs lois que nous pouvons faire dans les sciences concrètes, nous ne parviendrons jamais à en avoir une connaissance aussi parfaite que celle que nous puisons dans les sciences abstraites comme les mathématiques ; que rien, par exemple, dans la découverte de la pesanteur, ne démontre qu'il ne puisse y avoir des corps qui, loin de s'attirer, se repoussent ou sont indifférents les uns à l'égard des autres, tandis que dans la découverte de l'égalité des angles d'un triangle à deux droits, nous sommes absolument sûrs que la découverte vaut pour tous les triangles absolument.

Si l'on admet la théorie cartésienne d'après laquelle la matière est uniquement définie par son étendue et sa divisibilité, il peut certainement y avoir des corps qui ne s'attirent point, se repoussent ou sont indifférents les uns à l'égard des autres. Mais l'argument, ramené à l'induction scientifique et à l'évidence qu'elle donne, perd complètement sa valeur ; les corps qui ne s'attireraient point, seraient d'une nature entièrement différente à celle des corps soumis à la loi de Galilée.

De la même manière que tous les triangles ont leurs angles égaux à deux droits parce que ce sont des triangles, tous les corps pondérables s'attirent les uns les autres parce que ce sont des corps pondérables. Il y a dans l'un comme dans l'autre cas nécessité et universalité, parce qu'il y a perception de rapports identiques immédiats et complets. Nous ne pouvons pas plus penser un corps pondérable sans lui attribuer le caractère qui le fait être tel qu'il est, une fois que ce caractère a été découvert, que nous ne pouvons concevoir un triangle qui n'ait pas ses angles égaux à deux droits, une fois que nous avons compris que le fait valait pour tous les triangles. Mais nous pouvons aussi bien imaginer des figures qui n'ont point cette propriété, que supposer l'existence d'une matière qui n'est pas pondérable. La cause est toujours le primitif du genre dont il s'agit, elle ne l'est pas d'un autre genre.

L'acte de percevoir des rapports d'identité immédiats et complets est le même dans l'exemple des triangles et dans celui de la pesanteur des corps ; il reste le même dans tous les exemples possibles. Tout acte ayant donné naissance à une même notion contenue de la même manière dans des choses diverses et multiples, ne peut pas ne pas être pensé de la même manière dans chacune d'elles ; il faudrait pouvoir penser et ne pas penser une même chose, telle que nous la pensons, et admettre que les choses soient et ne soient pas à la fois telles qu'elles sont. Ce n'est plus la loi de causalité, c'est l'acte même de penser et le principe de contradiction qui est en question.

Une seconde objection plus sérieuse se rapporte non pas à la différence d'évidence, mais à la différence de certitude que donnent les sciences concrètes et les sciences abstraites.

La partie est moindre que le tout, deux et deux

font quatre, le binome de Newton, la formule la plus compliquée de la trigonométrie sphérique sont choses vraies, le monde fût-il détruit, tous ces phénomènes bouleversés. Si nécessaire et universelle au contraire que puisse paraître la loi de Galilée, rien ne démontre que la cause même qu'elle suppose, la pesanteur, existe en vérité et que tous les corps pondérables *s'attirent* réellement.

Dans les sciences concrètes les causes nous sont étrangères, et dans les sciences abstraites les causes sont les actes de notre intelligence. D'où la différence de certitude qui est propre aux unes et aux autres.

Newton déjà, dans une lettre devenue célèbre, avait prévu cette difficulté. „On ne saurait convenir, „écrit-il au docteur Bentley, que la matière inani- „mée, puisse sans l'intermédiaire de quelque autre „chose non matérielle agir sur une autre matière „sans contact mutuel, que la pesanteur soit innée, „inhérente et essentielle à la matière de telle sorte „qu'un corps agisse sur un autre à distance, sans „la médiation de quelque chose par quoi l'action „et la force peuvent être transmises de l'un à l'autre, „me paraît une absurdité si grande qui ne peut, „je crois, tomber dans l'esprit d'aucun homme pos- „sédant quelque compétence de philosophie.“

D'un côté, il nous serait donc impossible de ne pas penser que les corps pondérables tendent les uns vers les autres en raison directe des masses et en raison inverse du carré des distances, et d'un autre, cette action à distance nous serait absolument incompréhensible.

La lettre si sage et si prudente de Newton s'explique d'une manière aussi naturelle que simple. La formule d'une loi intellectuelle, une démonstration mathématique, impliquent une certitude qui dérive des actes de notre intelligence, mais à la condition que la formule, la démonstration en soient l'expression exacte, du moment qu'elles s'en éloignent comme dans les formules imaginaires, ou les démonstrations de la quadrature du cercle, la certitude disparaît. Or, si nous donnons à la difficulté, que Newton a signalée, la même forme, elle s'explique aussi de la même manière. Les pierres tombent, parce que les corps agissent les uns sur les autres comme s'ils s'attiraient, propriété universelle, nécessaire, sans laquelle nous ne pouvons concevoir un corps pondérable ; mais la cause de cette action à son tour nous est absolument inconnue, et par suite cette action nous est inexplicable. Dans le premier cas le petit jugement est : les pierres tombent, le grand jugement : tous les corps agissent comme s'ils s'attiraient ; dans le second cas ce dernier devient le petit jugement d'un nouveau grand jugement à découvrir.

Le progrès dans la science des causes.

Posée sous cette forme rigoureuse, conforme à la loi de causalité, non seulement la difficulté s'évanouit, mais elle nous revèle la raison du progrès continu des sciences, et des sciences abstraites comme des sciences concrètes, malgré la certitude différente qui leur est propre. C'est par la perception de nouveaux rapports d'identité immédiats et complets, par la formation de notions nouvelles, par des découvertes ultérieures et plus grandes, que les unes comme les autres se développent.

Quels rapports d'identité immédiats et complets

y a-t-il entre l'attraction et la répulsion ; le contraire étant du même genre, comme dit Aristote ? — Quels rapports y a-t-il entre l'attraction, la cohésion, l'affinité, la capillarité, forces qui toutes paraissent dériver du primitif d'un même genre ? —

Nous ne connaissons ces forces que par des rapports lointains ou imaginaires : la sensation d'un objet lourd que nous tenons à la main nous fait juger de la pesanteur ; l'impression que nous fait de loin un objet qui nous plait nous fait définir l'attraction ; les faits que nous observons dans la combinaison des corps, leur état solide ou liquide, le phénomène de l'eau qui monte dans un tube étroit, nous font imaginer autant de forces distinctes, de même nature que les forces vitales ou cellulaires, mais aucune n'est le produit d'un raisonnement parfait de causalité.

Newton dans son admirable lettre et grâce à son merveilleux génie a instinctivement tenu compte de la différence qui existait entre sa découverte des lois de la gravitation, dont il ne doutait pas un seul instant, et la cause de cette gravitation, qui lui était et qui nous est encore inconnue.

Aussi simples et évidentes que soient les règles de la découverte scientifique des causes, aussi difficile est leur application. Les grandes découvertes des sciences font époque dans l'histoire. Les sciences n'avancent dans leur progrès journalier que par le développement des connaissances et des inventions pratiques.

Dans nos hypothèses, nos théories, nos croyances, les raisonnements sont fondés sur la perception de rapports identiques, il est vrai, mais qui, par

Le progrès des connaissances et des

Inventions pratiques. les idées qui les représentent, sont lointains et partiels ; nos connaissances pratiques au contraire reposent sur la perception de rapports identiques immédiats et complets. Il n'y est question ni du primitif du genre dont il s'agit, ni de la loi de son action.

Christophe Colomb perçut entre la forme de la terre et une sphère dont sa main pouvait faire le tour, un rapport d'identité immédiat et complet ; il en conclut que pour arriver aux Indes orientales les navires pouvaient prendre la direction de l'Occident. Sur sa route il rencontra un continent nouveau, ce fut à proprement parler une trouvaille, sa découverte véritable fut la perception des rapports impliqués dans la forme de la terre. Les courtisans trouvèrent sa découverte fort naturelle ; il leur proposa de placer un œuf sur la pointe ; personne n'y réussit ; il en écrasa l'extrémité. Encore un rapport d'identité immédiat et complet qu'il perçut entre la base de tout objet stable et la forme qu'il donna à l'œuf. Plus tard on plaça l'œuf réellement sur la pointe, après l'avoir secoué vivement pour en déplacer le centre de gravité ; encore un rapport identique immédiat et complet entre le centre de gravité des corps et celui nécessaire à l'œuf pour se maintenir sur sa pointe.

Pendant des milliers d'années les hommes avaient vu la vapeur de l'eau bouillante soulever le couvercle des marmites. Papin vit un rapport d'identité immédiat et complet entre ce fait et l'action d'une force, et construisit ses pompes à vapeur. James Wood les appliqua à la traction, et tous les perfectionnements successifs qu'on a introduits dans

la construction des machines à vapeur ont été, à
chaque invention nouvelle, une application de la
même loi.

Il est impossible de se figurer la moindre connaissance ou invention pratique qui ne soit pas fondée sur la perception d'un rapport d'identité immédiat et complet. Depuis les origines de l'humanité,
ces perceptions et ces idées seules ont pu être réalisées et transmises de générations en générations
qui se trouvaient dans un accord parfait avec la
nature des choses.

Le caractère des découvertes et des inventions
pratiques est tellement constant qu'on peut en donner
en quelque sorte une formule mathématique. L'électricité (a) transmet les mouvements (b) ; les vibrations vocales (c) sont des mouvements, donc un
instrument (x) chargé d'un courant électrique doit
recevoir et transmettre les vibrations vocales. Ce
fut le raisonnement d'Edison et il découvrit le téléphone, $a : b = c : x$. Ou bien, le produit des
moyens étant égal à celui des extrêmes, $b.c = a.x$:
la transmission des mouvements par l'électricité et
la transmission des sons égalent l'électricité qui
dans un instrument les transmet ; deux valeurs parfaitement identiques.

L'assimilation des inventions pratiques aux équa-
tions du premier degré serait même parfaite, et le
produit des moyens toujours égal à celui des extrêmes, si x était la seule inconnue, mais le plus
souvent l'un des termes moyens l'est également.
Tout le monde savait, pour revenir à l'exemple du
téléphone, que l'électricité transmettait les mouvements; nul encore n'ignorait que les vibrations vo-

cales étaient des mouvements ; mais personne ne songea, si ce n'est Edison, que si tel était le cas, l'électricité devait transmettre les ondes sonores. L'idée d'assimiler les sons à des mouvements transmissibles par l'électricité, la perception de leur rapport d'identité immédiat et complet, était aussi inconnue que l'invention de l'instrument capable de réaliser l'induction première.

Difficultés de la découverte des causes. La formule des découvertes pratiques est tellement évidente qu'on pourrait être tenté de l'appliquer aux découvertes scientifiques. Nous nous trouverions en ce cas en présence de l'étrange formule suivante : $a : c^v = c^c : x^c$.

La raison en est fort simple. Nous disons que le courant électrique est «la cause» dans le téléphone des sons entendus à distance. Mais si nous entendons par là la cause véritable, la cause scientifique du phénomène, ce n'est qu'une vaine tautologie comme lorsque Hume disait que le feu était la cause de la chaleur. Nous ignorons les rapports qui existent entre l'électricité et la transmission du son ; ce que nous savons, depuis la découverte d'Edison, c'est que l'électricité transmet les sons. Sous cette forme c'est un simple jugement par attribution, à moins que nous y mêlions, par un sous-entendu, l'idée de mouvement, pour en faire un raisonnement incomplet par causalité, en expliquant un mot par un autre et non par les rapports inconnus, identiques, immédiats et complets contenus dans les deux données.

Au point de vue de la découverte des causes véritables, la formule que nous venons de donner, si étrange qu'elle paraisse, est parfaitement exacte.

La propriété de l'électricité de transmettre les sons
à distance est connue (*a*) ; mais les rapports identiques immédiats et complets que contient l'électricité sont si peu connus, que nous ignorons même
ceux qui existent entre l'électricité positive et l'é-
lectricité négative (*b*) ; de même nous ignorons les
rapports qui existent entre les mouvements de
l'électricité et ceux du son (*c*) ; l'inconnu, le rapport
d'identité cherché (*x*), forme donc le coefficient
de chacun des termes, et la cause véritable nous
reste inconnue dans tous ses rapports (*x*), dans le
primitif du genre, aussi bien que dans les lois
de son action.

Sous cette forme on se rend compte de la grande
différence qui existe :

1° entre les inventions et les découvertes pratiques et les découvertes vraiment scientifiques, par
lesquelles seules on sait qu'on sait ;

2° entre la preuve expérimentale qui n'est applicable qu'aux faits particuliers et la preuve intellectuelle fondée sur la perception des rapports
identiques, immédiats et complets que les faits renferment ;

3° entre la démonstration simplement déductive
et la démonstration inductive, entre les règles du
syllogisme et celles de la découverte.

Pour démontrer d'après les règles du syllogisme
que l'électricité, par exemple, est la cause des sons
transmis par le téléphone, on n'a qu'à prendre
comme terme moyen l'idée du mouvement : Tout
mouvement est une cause, l'électricité qui transmet les sons est un mouvement, donc l'électricité
est la cause des sons transmis. Ce raisonnement,

Les règles
du
syllogisme
et
les règles
de la
découverte.

8

régulier dans sa forme, repose sur la perception d'un rapport lointain entre l'idée de cause et l'idée de mouvement. La science de Raymond Lulle avait sa raison d'être. Il pouvait parfaitement croire à son époque que, par ses cercles de rapports lointains formés de majeures imaginaires, il enseignait le moyen de parler sur toutes choses sans les connaître.

Si nous appliquons les véritables règles du grand auteur de la syllogistique au même raisonnement, il prend une toute autre forme. La donnée reste la même : l'électricité transmet les sons ; mais le terme moyen, la cause, le primitif du genre dont il s'agit, sont les mouvements électriques négatif et positif. Admettons, d'après la théorie d'Ampère qu'un mouvement hélicoïdal des molécules de la matière, soit la cause de l'électricité positive et négative. Jusque-là porte la règle d'Aristote, et il pouvait croire, que la majeure étant donnée sous cette forme, la mineure et la conclusion en dérivaient de toute nécessité.

Nous avons vu que cette règle ne suffisait point, que la forme substantielle, la cause et la définition, n'étaient point la même chose, et que surtout le propre de cette dernière devait en être distingué d'après Aristote lui-même.

Complétons donc sa pensée et supposons, en revenant à l'exemple cité, que le propre, la loi de transmission des sons en général soit connu et que les ondes sonores ainsi que leurs vibrations particulières, les sons et leurs timbres, ne soient que la résultante d'un mouvement également hélicoïdal des molécules; mouvement qui, dans cette hypo-

thèse, devient par sa formule la loi, le propre à
la fois de l'électricité, primitif du genre, ainsi que
des sons et de leur timbre. En admettant encore
cette seconde hypothèse, le raisonnement se trouve
parfaitement en forme. L'électricité transmet les
sons parce que toute électricité étant un mouvement hélicoïdal des molécules de la matière, reçoit
et transmet les mouvements de même nature, les
sons et leur timbre.

Les règles de la découverte des causes se résument :

1° Formation de la notion du primitif du genre
du sujet, en tant qu'il est donné dans l'ensemble
d'un jugement, par la perception des rapports identiques, immédiats et complets que son existence renferme.

2° Formule du propre ou de la loi de l'existence
de l'attribut par la perception de rapports identiques, immédiats et complets que contient l'attribut appartenant à la fois au sujet et au primitif du genre.

Nous pourrions même conserver la terminologie
du syllogisme en appelant le sujet du petit jugement le petit terme, son attribut le grand terme,
le primitif du genre le terme moyen, et, en y
ajoutant, à la place du propre, qui n'existe point
dans le syllogisme, le terme plus moderne de loi.
En ce cas le moyen terme et la loi étant donnés comme impliquant l'existence du petit et du
grand terme, il suffit de deux jugements pour exprimer la découverte d'une cause. Les pierres
tombent parce que tous les corps tombent les uns
vers les autres : petit et grand jugement dans les-

quels le petit terme est au terme moyen, ce que
le grand terme est à la loi. Ce qui n'est jamais
le cas dans les raisonnements par rapports lointains. L'électricité telle que nous la connaissons
n'est pas au mouvement en général, dont nous ignorons les caractères, ce que la transmission du son
est au mouvement propre à l'électricité ; mais la
pierre est à tous les corps, ce que la chute de
cette pierre est à la chute de tous les corps.

Les raisonnements parfaits par causalité ne contiennent ni la majeure ni la mineure du syllogisme,
mais un jugement simple qui n'est que l'affirmation
d'un fait. En revanche, au lieu de la conclusion
du syllogisme, qui n'est que la constatation de
l'identité du petit et du grand terme des prémisses,
les deux termes du second jugement des raisonnements par causalité expriment la condition de
l'existence du sujet du premier jugement sous la
forme du primitif du genre dont il s'agit, ainsi que
les rapports contenus dans l'attribut du premier
jugement comme appartenant au sujet du second.

Le syllogisme aristotélicien n'était un raisonnement parfait que dans la croyance que les idées
de genre et d'espèce exprimaient les formes substantielles des êtres, en ce cas tout attribut de la
forme substantielle revenait de toute nécessité à
l'espèce particulière. En réalité, le syllogisme réduit à sa plus simple expression n'est pas un jugement sur un jugement donné, mais un jugement
sur un seul des termes du jugement donné avec
répétition du second. Pierre est mortel parce que
tous les hommes sont mortels. Tandis que qu'un
jugement complet sur tout jugement donné doit

nécessairement porter de la même manière sur les deux termes de ce jugement. D'où la nécessité de quatre termes, dont le premier, le sujet du petit jugement, est au troisième, le sujet du grand jugement, ce que l'attribut du petit jugement est à l'attribut du grand. Une pierre est à tous les corps ce que la chute de cette pierre est à l'attraction des corps les uns par les autres.

En résumé, le syllogisme est une application incomplète de notre faculté de juger, et les raisonnements vraiment scientifiques en sont une application parfaite. Nous formons le petit jugement en percevant un rapport du sujet à autre chose, et nous formons le grand jugement en percevant non seulement les rapports que l'existence du sujet du premier jugement implique, mais encore ceux que contient son attribut en tant qu'ils appartiennent à la fois aux deux sujets. De cette façon le raisonnement devient complet et tous les termes s'enchaînent et se soutiennent mutuellement.

On s'est donné beaucoup de peine pour réfuter les démonstrations syllogistiques. Il aurait mieux valu en expliquer les vrais caractères.

C'est à la part de vérité que la syllogistique renferme qu'elle a dû sa grande influence, et qu'elle doit de se maintenir encore dans toutes les études de philosophie.

Les observations que nous venons de faire sur la portée du syllogisme nous permettent de compléter ce que nous avons dit plus haut de la prétendue méthode déductive. La méthode déductive n'est point un moyen d'investigation ; nous ne déduisons jamais une idée d'une autre, mais nous

Les formes de l'exposition.

nous formons des idées nouvelles en percevant des
rapports nouveaux entre des idées données. Kant a
distingué les jugements analytiques et les jugements synthétiques ; la même division introduite dans
nos idées· est un non-sens. L'idée de l'étendue
n'est pas plus une idée analytique de celle de l'espace, que l'idée de poids n'est une idée synthétique
de celle de corps.

Nos idées étant formées, nous pouvons les coordonner et les exposer suivant les deux formes de
jugements distinguées par Kant, suivant la forme
analytique ou déductive ou suivant la forme synthétique et inductive. L'une et l'autre forme
ne représentent cependant que des méthodes
d'exposition ou d'enseignement; elles ne sont ni
des méthodes de découverte ni même des méthodes
de démonstration, à moins de les confondre avec
l'induction proprement dite, décrite par Aristote,
au moyen de la reconstitution d'une armée en déroute: la perception des rapports identiques immédiats et complets, qui seule donne l'universel et le
nécessaire.

L'induction de laquelle proviennent toutes
les majeures des syllogismes n'est qu'une induction incomplète qui donne, non pas les rapports
immédiats et complets contenus dans un jugement de jugement ; mais les rapports partiels et
lointains entre le ou les sujets de la majeure et
un ou plusieurs attributs. La proposition : tous les
corps s'attirent, sous la forme d'une majeure, est
une majeure incomplète, car les corps sont plus
que de la pure attraction ; elle ne donne pas les
rapports immédiats et complets contenus dans tous

les corps, tandis qu'elle est un jugement complet sous la forme d'un grand jugement du petit jugement: les pierres tombent, parce qu'elle représente tous les rapports immédiats et complets que ce jugement renferme. C'est encore une conséquence de la loi de causalité qui dit que tout jugement, pour être compris dans sa portée véritable, doit être perçu dans ses rapports à autre chose.

Quant aux majeures qui expriment vraiment les rapports immédiats et complets contenus dans leur sujet, ce sont de simples répétitions de termes, de pures tautologies qui ne prouvent rien, tout comme les formules des lois intellectuelles, qui sont déjà contenues dans tous les termes auxquels on peut les appliquer par le fait que ce sont des lois intellectuelles. Tous les corps sont des corps vaut, comme majeure, ce que valent toutes les vérités axiomatiques.

Il n'en est pas de même dans l'exposition de nos idées, de nos connaissances acquises et des rapports innombrables qu'elles contiennent. Les règles si précises de la découverte et de la démonstration scientifiques n'y ont guère de part. Que je dise, Pierre est mortel parce que chaque homme est mortel ; Paul et Jean sont morts, donc tous les hommes sont mortels ; ton père Pierre est mort, donc tu mourras ! tu meurs chaque jour parce que chaque jour tu uses ton existence ! etc. Ces formes multiples de la coordination de nos idées dépendent des rapports infinis que nous pouvons percevoir entre les données particulières. Nos raisonnements déductifs, inductifs par énumération, par analogie, hypothèse, interpellation etc. reposent sur des inductions incomplètes, et la forme que nous leur donnons dans notre exposition dépend non seulement de notre intelligence propre mais encore de l'effet que nous voulons produire sur ceux à qui nous nous adressons. Voulons-nous démontrer l'exactitude d'un fait particulier, nous avons recours à une proposition générale que notre auditeur admet comme irrécusable ; désirons-nous lui faire comprendre une proposition générale, nous énumérons les faits particuliers dont elle est l'expression, nous l'interpellons, nous nous adressons à son cœur, à ses souvenirs, rarement, presque jamais nous employons la forme du syllogisme proprement dit.

Confondre les formes de l'exposition de nos idées avec la découverte des causes et leur démonstration, c'est prendre les règles du langage et les préceptes de l'éloquence pour des lois absolues de notre intelligence.

La confusion que l'on a faite entre l'intuition et l'induction scientifique ne fut pas moins déraisonnable. L'intuition n'est ni une méthode ni même une faculté ; on a des intuitions mais on n'*intuite* pas.

Les conditions de la découverte des causes. A voir les caractères si nets de l'induction scientifique et les règles si précises de la découverte, qui se détachent d'une façon aussi remarquable des autres formes de raisonnements, on serait tenté de croire que, par l'application de ces règles, les découvertes deviendront aussi faciles dans les sciences de la nature que les solutions, par exemple, des problèmes dans les mathématiques.

Les solutions dans les mathématiques ne sont faciles que lorsque leurs données sont acquises ;

le défaut de l'une ou de l'autre rend la découverte d'un problème aussi difficile dans les mathématiques que dans toute autre science.

La découverte scientifique ne consiste pas à trouver une solution prévue, ce qui n'est qu'un exercice mental ; elle consiste à trouver les données nécessaires à un problème dont la solution est inconnue. En d'autres termes son objet est la formation d'idées nouvelles.

Tous les philosophes de l'antiquité, du moyen-âge et des temps modernes ont cherché indistinctement dans nos idées formées l'explication de nos progrès dans la science des choses. Ils négligèrent la donnée principale, la découverte, c'est-à-dire la formation de l'idée nouvelle. Ce n'était point dans nos idées acquises et leurs différentes acceptions, mais dans notre faculté de les produire, dans nos actes de percevoir et de juger qu'il aurait fallu chercher la solution. C'était la découverte de la découverte qu'il importait de faire.

Une des premières conditions et des plus difficiles à remplir dans la recherche des causes est donc de concevoir nettement la question à résoudre, comme dans cet exemple des philosophes qui s'efforcèrent de trouver dans nos idées formées la raison des idées que nous ne possédons pas ; dans la science acquise l'explication de la science qui nous manque.

Une question bien posée renferme parfois en elle seule la solution.

La seconde condition, dont la réalisation présente le plus souvent des difficultés insurmontables, est l'accord de notre puissance intellectuelle avec nos connaissances.

Quels rapports d'identité pouvait-il y avoir entre les tourbillons de Descartes, les variations de la lune, les lois de Képler et celles de Galilée ? — La réponse supposait toutes les connaissances philosophiques, astronomiques, physiques et mathématiques de l'époque. Newton n'en saisit pas moins, entre ces données si dissemblables et leurs rapports en apparence imaginaires, les rapports identiques, immédiats et complets qu'elles renfermaient en réalité, et fit sa découverte de la gravitation.

Toutes nos idées représentent des rapports. Quand sont-ils immédiats et complets ? Quand sont-ils lointains et partiels ? — Chacune des notions que nous pouvons concevoir en rapport avec une question donnée, peut exiger un examen propre. Les philosophes en font la méthode de l'analyse et Bacon conseille de rejeter toutes les notions qui ne se trouvent pas dans un rapport constant avec l'idée donnée pour ne conserver que celles qui croissent et diminuent avec elle. Descartes veut qu'on examine avec soin toutes les notions et qu'on ne s'arrête qu'à celles qui sont évidentes par elles-mêmes.

Nous avons vu les résultats auxquels les deux méthodes ont conduit. Des rapports, en apparence lointains, entre des données différentes peuvent, si nous les pénétrons davantage, se transformer en des rapports immédiats et complets, tels que ceux entre le froid et le chaud que Bacon envisageait comme des natures différentes. Un rapport, que nous croyons immédiat et complet, peut n'être qu'une entité et ne représenter qu'un rapport imaginaire comme le phlogistique, la force vitale et tant de forces dites naturelles.

Il en résulte que les découvertes que nous sommes capables de faire dépendent de toute nécessité du caractère de nos idées acquises, de la valeur relative que nous leur attribuons, de notre instruction, de notre éducation intellectuelle et morale. Vouloir prescrire, non plus les règles générales, mais les règles pratiques de la découverte, comme tant de philosophes ont essayé de le faire, c'est prétendre renouveler sous une autre forme les merveilles de l'eau de Jouvence, rajeunir et refaire les esprits.

C'est plus, pour découvrir les rapports immédiats et complets que renferme un certain nombre de données, il faut nécessairement les coordonner entre elles et en former une idée nouvelle. Or, si nous ne possédons qu'une puissance de coordination de 10 ou 20 données diverses, tandis que la découverte exigerait la coordination de 100 ou de 1000, nous nous trouvons dans l'impossibilité absolue de la faire. On a fait de cette coordination des données la méthode de la synthèse ; il eût été sans doute plus exact de donner la formule du génie et d'en enseigner les secrets.

Il ne faudrait cependant pas conclure de cette dernière condition que le penseur de génie obéit à d'autres lois intellectuelles que l'homme vulgaire L'homme de génie ne se distingue du penseur vulgaire que par une puissance de coordination plus grande des données qu'il possède. Un savant doué d'une mémoire surprenante peut n'être qu'un penseur médiocre, et un ouvrier comme Jacquard peut être un homme de génie. Quelques données peuvent suffire pour faire comprendre la gravitation à un enfant, lorsqu'il a fallu des années à Newton pour la découvrir. Ce n'est que faute de réflexion qu'un jugement comme Pierre et Paul sont des hommes, nous paraît séparé par un monde du jugement: les astres dans leurs orbites gravitent les uns autour des autres ; que l'un nous semble le premier bégaiement de la pensée humaine et l'autre l'expression du génie humain, parvenu à sa plus haute puissance. Les deux jugements sont le résultat de la perception de rapports identiques immédiats et complets, mais les données du premier nous sont plus proches, celles du second plus éloignées.

La pensée de l'homme de génie, dans ses découvertes, est soumise aux mêmes lois intellectuelles que la pensée de l'homme vulgaire. Tant que le premier n'a point acquis le nombre de données nécessaires à la perception des rapports d'identité immédiats et complets qu'elles renferment, il se contentera, comme le second, de les juger par des rapports lointains, partiels ou imaginaires. Il s'en contentera jusqu'au moment ou de raisonnement par analogie en raisonnement par analogie, d'hypothèse en hypothèse, de découverte pratique en découverte pratique, d'expérience en expérience, il arrivera au point de pouvoir réduire les données nécessaires au nombre que sa puissance de coordination peut embrasser. Newton croira au sensorium de Dieu, Képler à l'astrologie, et tous deux feront leurs immortelles découvertes dans les questions qu'ils seront parvenus, à force de tentatives et d'efforts, à mettre à leur portée. Les lois générales de notre intelligence sont les mêmes pour tous les hommes.

Afin de résumer et de bien faire sentir les

difficultés que présentent les découvertes scientifiques, revenons à un exemple cité plus haut.

Il s'agit de trouver la cause de l'électricité, le primitif du genre. Quels sont les rapports identiques, immédiats et complets, contenus dans les phénomènes électriques, qui puissent nous en donner une notion telle qu'elle en implique l'existence ? — L'électricité a des rapports avec la chaleur et la lumière, la composition et la décomposition des corps, leur attraction, leur répulsion, leur contact, leur frottement etc., et tous ces rapports sont dans la nature identiques, immédiats et complets, tandis qu'ils nous sont, hors la connaissance que nous en possédons, comme de simples phénomènes, complètement inconnus et se résument en des entités que nous nommons chaleur, affinité, cohésion etc. Quel est le nombre d'expériences qu'il faudra essayer, de découvertes pratiques qu'il faudra faire, de raisonnements par analogie et d'hypothèses qu'il faudra émettre avant de parvenir à nous former une notion distincte de l'électricité telle qu'elle en implique l'existence dans tous ses phénomènes en pleine évidence et nécessité ? — Nul ne le sait ; et celui là-même qui fera la découverte ne s'en rendra pas compte d'avance.

De plus, est-ce bien dans cette direction que la découverte de cette grande cause se fera ?

L'invention d'Edison démontre que l'électricité transmet les sons, et la seconde règle de la découverte des causes dit, que ce n'est que par la perception des rapports identiques, immédiats et complets qui existent entre les mouvements sonores et le mouvement propre à l'électricité que le lien entre la cause et l'effet nous deviendra intelligible, que nous en reconnaîtrerons la formule, la loi. Or, nous connaissons par les belles découvertes de Helmholz les caractères propres aux vibrations sonores et leurs lois particulières, nous savons en outre qu'il doit de toute nécessité exister un rapport de causalité identique, immédiat et complet entre les mouvements propres à l'électricité et ceux propres aux vibrations sonores, mais ce rapport ne saurait s'établir s'il n'est perçu et pensé. La connaissance des lois de Helmholz doit donc conduire à la découverte des lois du mouvement propre à l'électricité.

Voilà la question absolument renversée. Elle ne l'est qu'en apparence. La dernière découverte nous donnerait la connaissance des lois qui régissent la transmission du mouvement par l'électricité, la première l'idée vraie du primitif du genre dont, il s'agit. L'invention d'Edison n'a fait que fournir un facteur nouveau qui la rapproche de sa solution.

Ce seul exemple démontre les immenses difficultés que rencontrent les découvertes vraiment scientifiques. Dans la plupart de nos sciences la très-grande majorité de nos connaissances sont purement expérimentales.

Les fausses découvertes. Dans beaucoup d'entre elles les fausses découvertes apparaissent même comme des découvertes véritables. Le fait arrive chaque fois où l'on prétend transformer des raisonnements par rapports lointains en des lois ou des causes réelles. La découverte de Darwin de la sélection naturelle et de la lutte pour l'existence comme lois de la transformation des espèces, en est un exemple frappant.

Ces prétendues lois ne sont que l'expression de

rapports lointains. Les rapports qu'elles représentent sont même tellement lointains que ces deux lois démontreraient au besoin le contraire de ce que Darwin a voulu prouver.

Si nous supposons que pour un certain nombre de générations la sélection puisse rester la même et la lutte pour l'existence uniforme, alors leur espèce ne se modifiera point. Par elle-même l'espèce serait donc immobile. Pour qu'elle se transforme il faut que de génération en génération la sélection naturelle change et que la lutte pour l'existence se modifie. Mais pour ces changements et ces modifications on peut faire le même raisonnement. L'espèce étant par elle même immuable, il faut que des causes étrangères modifient aussi bien la sélection naturelle que la lutte pour l'existence. Si ces causes sont déterminées et les changements qu'elles occasionnent précis, l'espèce restera encore la même dans la limite de ces changements et de ces modifications. Ainsi de suite, chaque nouveau changement, chaque nouvelle modification dans la sélection et dans la lutte supposera des causes nouvelles qui leur sont étrangères et l'espèce dans leur limite restera toujours immuable.

Mise en forme la question déjà se trouve être mal posée. Quel est le primitif du genre dont il s'agit ? — Est-ce l'espèce ? — En ce cas les lois qui régissent ses transformations successives lui sont propres, et l'espèce reste immobile. Si au contraire les lois ne sont pas propres à l'espèce mais à toutes les espèces, alors ces lois ne sont pas les lois de la transformation de chaque espèce, mais elles sont propres au primitif du genre dont

il s'agit et en ce cas elles n'en sont pas les lois,
puisqu'elles sont celles de la transformation de
chaque espèce.

Mettons que le primitif du genre soit la cellule
organique. Il ne saurait évidemment plus être question en ce cas ni de sélection naturelle ni de lutte
pour l'existence. La cellule organique se reproduit
ou ne se reproduit pas, elle vit ou ne vit pas selon le milieu ambiant dans lequel elle se trouve.
Quelles sont les lois qui régissent l'existence et la
reproduction de la cellule organique telles qu'elles
se manifestent dans ses rapports avec le milieu
ambiant ? — La réponse seule à cette question serait scientifique.

De quelque côté que nous examinions les lois de
Darwin, elles ne renferment aucun caractère de la
découverte d'une cause véritable. Si elles se rapportent aux espèces, elles n'en expliquent la transformation qu'en supposant les espèces par elles-
mêmes immobiles ; si on les attribue au primitif
du genre, elles n'en sont pas les lois.

La question de la transformation des espèces
telle qu'elle a été posée par Darwin rappelle sous
bien des rapports celle de la transmutation des
métaux des alchimistes. Ceux-ci définissaient également avec soin les caractères propres de chaque
espèce de corps dont il fallait se servir pour la
grande œuvre, ils montraient en outre, par les
caractères mêmes de ces corps, leurs couleurs, leurs
formes, leurs poids, leurs affinités, comment ils
variaient et se rapprochaient du grand métal. De
leurs recherches est résultée la chimie, la science
des corps élémentaires et non celle de leur trans-

mutation. La question de la transformation des
espèces aura-t-elle, n'aura-t-elle pas le même
sort ? — Découvrirons-nous les lois réelles qui régissent la transformation de chaque être organique
en tant qu'être organique ? ou bien découvrirons-
nous les lois qui limitent la transformation des
espèces ?

Tant que nous ne trouverons pas l'une ou l'autre
solution, conformément à la double règle qui dérive
du jugement d'un jugement donné, nous nous conten-
terons de rapports lointains, d'analogies incertaines,
que nous décorerons pompeusement du nom de lois;
nous invoquerons des arguments littéraires, voire
des raisons métaphysiques, nous discuterons, nous
expérimenterons, et toujours ces prétendues lois,
ces arguments, ces raisons, ces expériences pourront être ramenés au principe de contradiction, à
l'évidence que nous nous efforçons de penser et de
de ne pas penser à la fois une même chose. Les
alchimistes croiront que les métaux par eux-mêmes
sont immuables, puisqu'ils prétendent devoir les *trans-
muter*, et qu'ils ne le sont pas, puisqu'ils croient cette
transmutation possible ; les transformistes se figu-
reront que les espèces sont immobiles parce qu'il
faut la sélection et la lutte pour les modifier, et
que ces mêmes espèces ne sont pas immobiles
parce qu'elles se transforment.

C'est la conséquence dernière et fatale de tous
les raisonnements par causalité lointaine auxquels
nous prétendons donner une valeur scientifique. Le
grand jugement y est appliqué au petit, non pas à
la façon du syllogisme en répétant le grand terme,
mais en répétant seulement le petit terme.

Nous nous arrêterons à cet exemple de fausses découvertes. Nous aurions pu en choisir dans les autres sciences, même dans les mathématiques ; car toutes les sciences, dans les questions dont la solution n'est pas irrévocablement acquise, présentent le même phénomène : la pesanteur qui agit à distance et dont l'action à distance nous est incompréhensible, l'électricité qui est positive et négative à la fois, les infiniment petits et les infiniment grands que nous pensons et que nous ne pensons pas en réalité.

Opinions erronées sur l'origine et l'histoire des inventions et des découvertes. C'est faute d'avoir compris les caractères si simples et si grands des inventions et des découvertes qu'on en a méconnu les origines et l'histoire.

„La mémoire, l'induction, l'imagination et le ha-„sard heureux, a-t-on dit, sont les éléments du „progrès dans les arts mécaniques et dans 'les „sciences. Il faut y faire une part égale à la fortune „et à l'homme. Un chien qui mordit un coquillage „sur les bords de la mer donna lieu à la décou-„verte de la pourpre. Des matelots abordant sur „une plage déserte et n'y trouvant pas de pierres, „font des amas de sables et de cendres durcies. „Ces corps fondus par le feu produisent une ma-„tière transparente et c'est ainsi que le verre est „trouvé. Le fils d'un artisan de la Zélande, en as-„semblant par forme de jeu deux verres convexes „dans un tube, construit sans y penser le télescope. „Képler en cherchant dans les astres les nombres „de Pythagore trouve les deux lois des cours des „planètes, qui deviennent dans l'esprit de Newton „l'explication de l'univers. Aussi Turgot observe-t-il

„que si l'on élevait des monuments aux inventeurs „dans les arts et dans les sciences, il y aurait „moins de statues pour les hommes que pour les „animaux, les enfants et la fortune." [1] Nous doutons qu'on ait écrit en philosophie des lignes en apparence plus justes et en réalité plus fausses.

Les historiens ont fait de la découverte du verre et de la pourpre un produit du génie de Tyr, de l'invention du télescope une gloire du seizième siècle, des ellipses de Képler et des lois de Newton l'expression la plus haute de la grandeur des sciences modernes.

Les Chinois ont inventé la poudre, l'imprimerie, découvert la boussole deux mille ans avant nous ; qu'en ont-ils su faire ? — qu'en avons-nous fait ? — Le premier bateau à vapeur fut un jouet d'enfant pour Napoléon I, et le premier chemin de fer une curiosité pour son historien ; l'un et l'autre ne se doutèrent pas plus de la puissance de ces leviers nouveaux qu'ils ne soupçonnèrent la grandeur du génie commercial et industriel moderne. Il n'y a dans ces faits ni hasard, ni imagination, ni fortune.

Chaque enfant, chaque homme sent ses membres devenir plus légers dans l'eau, Archimède aurait-il découvert le poids spécifique des corps parce que dans un bain il pensait à la question du tyran de Syracuse? La même question aurait été posée à mille hommes dans les mêmes circonstances qu'aucun n'en aurait trouvé la solution. En apparence Archimède n'a fait que se souvenir et induire. Mais pourquoi a-t-il eu précisément ce souvenir ? et pourquoi a t-il fait précisément l'induction, que si ses

---

1) Joseph Garnier. Traité des facultés de l'âme, vol. III, p. 154.

membres perdaient de leur poids dans l'eau, l'or et l'argent devaient déplacer à poids égal un volume différent d'eau ? — En réalité il a, suivant la règle de toute découverte, perçu un rapport d'identité immédiat et complet entre le poids des corps et le volume d'eau déplacé. Ce ne fut pas une opération complexe, mais le résultat d'un acte simple et spontané de son intelligence, et il a fallu tout le génie d'Archimède pour percevoir un rapport entre des données si différentes.

Les règles de l'invention et de la découverte des causes ne sont si simples que parce qu'elles représentent la pensée dans son activité pleine et entière. Il en résulte que la pensée seule portée à sa plus haute puissance leur obéit de la façon la plus complète.

Ce n'est pas la mémoire qui conduit aux' inventions et aux découvertes, mais la justesse des idées acquises ; la mémoire peut les empêcher par l'intensité des croyances en des rapports lointains et la multiplicité des données.

Ce ne sont pas davantage les expériences multiples et répétées qui y mènent, faites sous l'impression d'une idée préconçue, elles achèvent d'égarer l'esprit.

Ce n'est pas encore l'observation sage et méthodique des phénomènes qui nous en révèle le secret ; quels que soient les principes et les règles de cette observation, ils ne créeront pas plus des penseurs de génie que les théories d'esthétique ne forment les artistes et les poètes.

Enfin, ni le hasard ni la fortune n'y ont de part; l'histoire des grands siècles et des grands peuples nous serait inexplicable ; un nègre découvrirait la gravitation, un Papou inventerait la machine à vapeur ; la fortune et le hasard sont de tous les temps et de tous les pays.

On a l'habitude en histoire de faire aux nations une gloire de leurs hommes illustres, et les peuples revendiquent d'instinct une part du mérite de leurs grands hommes ; c'est justice.

Dans la masse des idées acquises, des sentiments généraux, des aspirations communes, les hommes de génie puisent non seulement l'impulsion mais encore la direction de leur pensée. Il suffit que du milieu de l'éducation et de l'instruction générales s'élève un esprit d'une indépendance plus grande et doué d'une puissance de coordination des données du moment plus complète, pour que les merveilles qui constituent les gloires nationales surgissent, sans même qu'il en reste ni nom ni date.

Il en fut ainsi de l'invention du langage et des premières grandes découvertes de l'humanité. Il en fut de même au temps héroïque des peuples. Ce n'est qu'à leur époque de splendeur, en plein épanouissement de leurs facultés, que les nations se rendent compte du mérite de leurs grands hommes. Dans leur décadence elles dressent des statues à quiconque s'est élevé quelque peu au-dessus de l'abaissement général.

Jusqu'ici nous nous sommes bornés à l'exposition des conditions et des règles de la découverte des causes dans les sciences exactes. Ces dernières considérations nous porteraient à croire que leurs conditions et leurs règles sont différentes dans les sciences morales.

La découverte des causes dans les sciences morales.

A première vue il semble, en effet, qu'il en soit ainsi. Dans les sciences exactes toutes les données sont de même nature ; elles paraissent au contraire opposées dans les sciences morales. Quels rapports identiques immédiats et complets peut-il y avoir entre la vérité et l'erreur, le mal et le bien, l'amour et la haine, la peine et le plaisir ?

Les jugements en morale cependant, comme tous les jugements possibles, expriment de toute' nécessité des rapports d'identité, autrement ils nous seraient inintelligibles. Aussi peu en morale que dans les sciences nous pouvons concevoir qu'un même rapport entre des données diverses puisse ne pas être le même rapport en chacune d'elles.

Dans les sciences morales, comme dans les sciences exactes, les rapports identiques peuvent être ou lointains et partiels ou immédiats et complets, les raisonnements par causalité qui en résultent doivent donc nécessairsment obéir aux mêmes règles.

Enfin, tout oubli de ces règles doit conduire forcément, dans les unes comme dans les autres, au sophisme, à la nécessité de penser et de ne pas penser à la fois la même chose telle que nous la pensons.

Il n'existe pas plus en nous une forme de penser et une autre forme de penser, qu'une façon de juger et une autre façon de juger, malgré les distinctions que nous pouvons en faire. Tous nos jugements représentent des rapports d'identité, sous peine de nous être inintelligibles, et ces rapports peuvent être plus ou moins complets, comme nos idées peuvent être plus ou moins parfaites. Si ensuite nous distinguons et divisons nos jugements en des formes infinies, ce n'est plus suivant la nature de nos jugements, mais suivant leur contenu.

Il en est de même des raisonnements, l'action intellectuelle grandit, ses facultés paraissent changer, leurs objets se modifient, mais l'acte de juger ne se transforme ni dans ses origines ni dans sa nature, que nous émettions un jugement simple ou un jugement sur un jugement.

Je vois un objet d'abord en blanc, je m'approche, il est jaune ; je déclare qu'il y a erreur. La première impression est cependant tellement juste que, retourné à la même place, je vois de nouveau l'objet en blanc. Mais la seconde impression est-elle réellement la vraie ? — Que je substitue à la vue l'analyse dynamique des couleurs et je la déclarerai fausse ou du moins incomplète à son tour. Ainsi toujours l'affirmation et la négation de la vérité dépendent de l'accord que je suis capable de saisir entre des données également vraies en elles-mêmes. L'erreur n'est pas autre chose qu'un degré moindre de vérité relativement à un autre ; à moins d'admettre qu'une notion puisse être et ne pas être à fois telle qu'elle est, vraie et fausse en même temps. Le mensonge lui-même est vrai en tant qu'il suppose une connaissance exacte de la vérité. Comme le froid est de la chaleur, de même l'erreur est de la vérité; elle n'en est en quelque sorte que la recherche.

Il en est de même du bien et du mal.

Un homme se jette à la rivière pour en sauver un autre qui y était tombé. Il ne sait pas nager et loin de sauver son prochain il se noie lui-même.

Voilà une action qui paraissait bonne et qui devient mauvaise ; le fait cependant de ne pas savoir nager ne constitue pas une mauvaise action. C'est parce que l'intention était bonne que l'action reste bonne, reprend une école de moralistes. Mais l'homme se jette dans la rivière parce qu'il en croit les eaux sacrées, et que la mort qu'il y trouvera lui donnera la félicité éternelle. La même intention de bonne devient mauvaise suivant le mobile qui l'a dictée. Ce ne serait donc pas l'acte, ni l'intention, mais le mobile qui donnerait le vrai principe du bien ? Mais le même mobile, tel que l'amour, par exemple, nous fait commettre des actes de dévouement admirables et des crimes affreux. Un même mobile, un même principe d'action peut donc devenir à la fois bon et mauvais selon l'acte auquel il conduit. Ce qui nous ramène à l'acte et à l'homme qui se jette à la rivière pour en sauver un autre sans savoir nager. Que nous remplacions la moralité de l'intention, du mobile ou de l'acte par celle de leur utilité bien entendue, à l'exemple d'une autre école, cette utilité dépendra de la même manière des circonstances extérieures, elle sera bonne ou mauvaise suivant les circonstances. Dans cette direction on ne sortira jamais du même cercle vicieux.

Cherchant toujours la raison de la bonté ou de la malice des actions humaines non pas en elles-mêmes, mais dans quelque rapport lointain, toutes les contradictions imaginables ne peuvent qu'en être le résultat forcé.

Ce n'est pas ici le lieu d'examiner les différentes théories et doctrines morales, ni d'établir les prin-

cipes de cette science ; la question nous dé-
tournerait trop de celle posée par la haute Assemblée. Dès ce moment nous pouvons toutefois prévoir
que les théories et doctrines morales, si multiples
et si contraires qu'elles soient, n'auront seulement
une valeur scientifique lorsque toutes nos actions,
que nous les appellions bonnes ou mauvaises, seront reconnues : 1° dans le primitif du genre
dont il s'agit, la cause ; 2° dans le rapport identique immédiat et complet, l'idée la même contenue en chacune d'elles, la loi qui les régit toutes
au même titre.

Dans les sciences historiques, qui ne forment
qu'une branche de la science de la morale, on
a mieux compris les caractères de la recherche
et de la découverte des causes. Notre personne,
avec ses croyances et ses préjugés, y est moins en
jeu, notre esprit, dans ses observations, y reste
plus objectif.

La
découverte
des
causes
dans les
sciences
historiques.

Cependant dans les sciences historiques encore
on s'est demandé si on pouvait leur appliquer la
méthode des sciences exactes, et, en désespoir de
cause, on a inventé une méthode historique, comme
s'il pouvait y avoir une méthode et une autre méthode pour penser juste.

Le fait historique, il est vrai, paraît fort différent
du fait scientifique. Celui-ci est immuable : l'eau
bout toujours de la même manière, la pierre tombe
toujours de la même façon, tandis qu'en histoire
les faits, essentiellement mobiles, changent d'une
époque, d'un jour, d'un instant à l'autre. Dans
les sciences exactes les causes et leurs lois sont
d'une grande simplicité ; des formes et des

actes intellectuels simples comme dans les
mathématiques, des corps et des forces simples
comme en chimie et en physique ; en histoire, au
contraire, les causes des événements sont infinies ;
chaque individu qui y concourt, chaque idée, chaque
sentiment de l'époque y ont leur part.

L'évidence du fait présent est cependant la même
dans les sciences historiques et dans les sciences
exactes. Une guerre, une révolution, l'envoi d'une
dépêche se constatent de la même façon qu'un trem-
blement de terre, une éclipse de soleil ou la chute
d'une pierre. La même évidence encore existe pour
les faits passés. Les débris fossiles, les stratifica-
tions terrestres, les changements qui se sont opérés
dans le règne animal et végétal, s'observent de
même que les faits historiques du passé, par les
débris ou les monuments qui en restent. Quant à
la multiplicité des causes, qui concourent aux faits
de l'histoire, est-elle plus insaisissable que la somme
des forces moléculaires, dont les grandes forces de
la nature sont les résultantes, que les propriétés
et le rôle des corps simples dans les combinaisons
et les formes de la vie organique ? — L'explication
d'un phénomène physiologique ou seulement d'une
formule organique offre-t-elle moins de difficultés
que celle, par exemple, du partage de la Pologne
ou de la Révolution française ?

Et si, malgré ces analogies, les faits si mobiles de
l'histoire n'en paraissent pas cependant plus difficiles
à comprendre que les faits uniformes qui dérivent
de la nature physique des choses, les sciences historiques en revanche reprennent aussi tous leurs
avantages par la nature des causes qui agissent en
elles.

Si complexes que semblent les faits historiques, tous n'ont d'autres origines que les affections qui dominent le cœur humain. Nous pouvons éprouver en nous les mêmes mobiles qui ont donné naissance aux événements les plus obscurs et les plus reculés de l'histoire, tandis que les causes les plus élémentaires des phénomènes physiques nous sont étrangères et nous restent cachées.

Enfin toutes ces différences s'effacent devant la grandeur et la simplicité des lois de notre intelligence ; les objets changent, la vérité et ses lois, nos facultés et notre intelligence restent les mêmes.

Quel phénomène historique parait plus compliqué dans ses causes et plus insaisissable dans ses effets que le langage ? Non seulement le langage diffère de peuple à peuple, d'époque en époque, mais encore de village en village, d'homme à homme. Quels progrès n'a cependant pas faits la philologie dans notre siècle ?

Est-ce conformément à la méthode historique, en suivant à travers la succession des temps les transformations des sons, de la prononciation et du sens des mots ? — C'eut été une entreprise impossible à exécuter. La philologie n'est devenue une science qu'en obéissant rigoureusement aux règles de la méthode scientifique. On a comparé les langues, les mots, les expressions, les formes grammaticales des pays et des époques, dont on a pu avoir quelque connaissance. On les a groupés et classés selon les rapports plus ou moins immédiats et complets qu'ils renfermaient ; et, suivant ces rapports encore, on est remonté des langues dérivées aux langues mères. De plus, en percevant les rapports immédiats et complets dans la façon dont variaient les mots et leur sens, en passant d'une bouche à une autre, de province à province, de pays en pays, on a établi les lois qui régissent la transformation des mots comme la transmission des langues. Ainsi seulement on est parvenu à formuler les lois rigoureuses de la formation de certaines langues particulières.

De même des écritures en apparence indéchiffrables, ont été interprétées en raison de l'identité des rapports perçus soit entre les signes et les mots d'écritures différentes, soit entre les signes et les mots d'une même langue.

Certes bien des progrès restent encore à faire dans ces deux sciences ; bien des hypothèses seront encore émises pour les mêmes raisons que dans les autres sciences. Partout où, par défaut de données ou par manque de coordination suffisante, les rapports immédiats et complets nous échappent, nous supposerons toujours des rapports lointains ou imaginaires ; mais les conditions et les règles des vraies découvertes n'en restent pas moins invariables.

Les causes générales en histoire. Elles sont les mêmes qu'il s'agisse de la découverte des causes générales ou des causes spéciales en histoire.

Soit la découverte des causes des croyances et des sciences ; question qui de notre temps divise si profondément les esprits. Les croyances et les sciences dérivent cependant de la même cause, de notre faculté de percevoir les rapports des choses, avec la seule différence que le propre des croyances est de se contenter de rapports lointains, tandis que celui des sciences est de ne subsister que par la perception des rapports immédiats. Si donc nous voulions faire l'histoire générale des progrès de l'esprit humain, et la faire d'une manière scientifique, ce ne serait qu'à la condition de ramener les croyances comme nos sciences au primitif du genre dont il s'agit: notre faculté de percevoir les rapports des choses; de les distinguer ensuite suivant les lois particulières qui les régissent, et, en poursuivant l'exposition des faits et des progrès réalisés par l'esprit humain, de montrer comment, toujours régies par les mêmes lois, les croyances et les sciences poursuivirent également les données qui leur servirent de point de départ, les premières pour se transformer sans interruption, les secondes pour se transmettre et s'accroître de civilisation en civilisation.

Qu'il s'agisse des arts ou des lettres, des mœurs et des lois, du travail et des richesses, le secret de leurs origines, de leurs progrès, de leur décadence, comme celui de leur transmission d'un peuple à un autre, d'une civilisation à la civilisation suivante, ne peut être révélé pour chacune de ces grandes manifestations de l'histoire que de la même manière :

1° par la découverte du caractère des actes intellectuels ou moraux dont elles dérivent.

2° par celle de la loi qui en régit les faits particuliers depuis les tentatives informes du sauvage jusqu'aux produits les plus raffinés des civilisations avancées.

Malheureusement nos passions politiques, nos illusions nationales, nos préjugés et nos ambitions personnels empêchent en histoire, bien plus que dans les sciences exactes, la vérité de se faire jour. Il semble qu'en histoire, comme en politique, il nous faille épuiser toutes les conséquences de nos erreurs avant de parvenir à dégager notre indépendance intellectuelle. La multiplicité des causes et la diversité des faits n'entrent que pour peu de chose dans la difficulté.

Les causes et les lois en histoire ne sauraient être découvertes ni dans l'homme abstrait de Wolf et de J. J. Rousseau, ni dans le génie de certaines races ou dans l'influence des climats auxquels les historiens n'ont que trop l'habitude de recourir. Il faut les rechercher dans l'homme réel, vous, moi, et le premier barbare ou sauvage venu, peu importe le nombre des individus.

De la perception seule de l'identité immédiate et complète des rapports contenus en eux dépendra la justesse de notre induction.

Prenons un exemple qui domine tous les autres : quelles sont la cause et la loi de tous les progrès de l'humanité? — La cause, c'est l'homme vivant avec ses passions et ses besoins, ses faiblesses et ses forces, ses colères, ses affections, ses illusions, ses erreurs, l'homme tel qu'il existe chez tous les peuples avec toutes leurs diversités et oppositions et tel qu'il a existé dans tous les temps. La loi, c'est l'entente des hommes les uns avec les autres. Elle se manifeste dès la première parole prononcée, dès la première réunion de deux êtres humains en une famille ; elle éclate dans tous les progrès successifs de l'humanité, dans l'histoire des peuples et des civilisations. Plus le nombre d'hommes qui s'entendent entre eux est considérable, plus les causes de progrès sont multiples, plus leur entente est profonde, plus leurs progrès sont intenses. Là où l'entente des hommes entre eux s'arrête, là s'arrête leur civilisation et commencent leurs discordes, leurs luttes privées et publiques, leur désorganisation, leur décadence politique et sociale. Pour résumer ces faits nous pourrions dire qu'étant données les facultés premières et communes à tous les hommes, leurs progrès en histoire sont en raison directe des éléments d'entente qu'ils parviennent à créer et en raison inverse de leur égoïsme et de leurs ambitions particulières.

Ce n'est pas l'émancipation de l'individu, rêve creux de la sophistique contemporaine, conséquence de cet autre rêve d'un contrat social primitif, qui est le but des efforts de l'humanité, c'est l'entente des hommes les uns avec les autres ; elle est leur loi vivante. Il n'existe point un fait historique, voire l'organisation d'armées victorieuses, qu'on ne puisse y ramener, ni de défaite ou de décadence qu'elle ne puisse expliquer. Mais de sitôt nous ne parviendrons ni en politique ni en histoire à en concevoir l'évidente nécessité.

La découverte des causes particulières semble plus facile, l'induction moins vaste, les faits plus proches.

Les causes particulières en histoire.

L'histoire d'un peuple ou d'une époque déterminés, celle d'une institution ou d'un événement précis paraissent de beaucoup plus aisées à saisir dans leurs causes. La race dont un peuple est issu, l'époque qui a précédé celle que l'on veut décrire, les circonstances qui donnèrent naissance à une institution où à un événement politique apparaissent comme leurs sources naturelles pouvant seules en donner une connaissance sérieuse.

En suivant cette voie nous ne découvrirons pas plus les causes scientifiques en histoire que nous ne les découvririons par le même procédé dans les sciences exactes. La race dont un peuple est issu, s'est modifiée avec le temps, ses caractères primitifs ont disparu, et le plus souvent il n'en reste plus de trace. L'époque qui en a précédé une autre, a succédé à une troisième, laquelle en a suivi une autre encore; jamais une époque passée ne sera la cause scientifique de l'époque qui l'a suivie. Il en est de même des circonstances qui ont donné naissance à des institutions ou à des événements politiques ; toutes ces prétendues causes sont lointaines. D'après cette forme, si naturelle qu'elle semble, de concevoir la science de l'histoire, nous ne parviendrons jamais à la connaissance d'une cause quelconque réellement agissante. Les races, les époques, les circonstances furent précédées par d'autres et celles-ci par d'autres encore sans terme ni fin ; de telles causes sont et restent des hypothèses.

Cette difficulté, qui naquit avec l'histoire et laissa libre cours à l'imagination des historiens, a fini par créer une école nouvelle dont les ambitions se concentrent dans la recherche des faits et des textes. C'est un autre excès. L'accumulation de tous les documents possibles sur une question historique n'en donne point la *science*.

Sur quels peuples, quelles institutions, quels événements, connaissons-nous plus de faits, possédons-nous plus de documents, que sur les peuples, les institutions et les événements de l'époque présente ? Il n'y en a cependant point sur lesquels nos opinions soient plus contradictoires et dont la science soit plus difficile et plus éphémère.

Il faut laisser passer, croit-on, les illusions, les passions du moment, acquérir l'indépendance d'esprit nécessaire au jugement impartial de l'historien. Il faut, ajoute-t-on encore, pour pouvoir se rendre bien compte du présent, avoir vu ses effets et leurs résultats. Double erreur ! Nos illusions et nos passions nous accompagnent dans nos jugements sur le passé comme sur le présent, et l'exposé le plus complet de l'enchaînement des faits historiques ne peut nous donner, comme les romans bien faits, qu'une satisfaction littéraire. Autre chose est l'histoire comme art descriptif, autre chose comme science ; les confondre n'est pas les comprendre. La connaissance de tous les documents, de tous les faits d'une époque n'en constitue pas plus la science, que la connaissance de tous les astres du ciel ne donne la découverte de la gravitation.

On présenta à Cuvier un os fossile. Il décrivit l'animal auquel il avait appartenu ; quinze ans après on le trouva dans les glaces polaires. Comment expliquer l'induction du grand naturaliste ? — D'un côté par les connaissances qu'il possédait du règne animal, d'un autre, par la puissance extraordinaire de son esprit qui lui permit de concevoir les rapports identiques, immédiats et complets que les formes de chaque os impliquent avec les autres formes des animaux. Hors de là, l'induction de Cuvier est incompréhensible. Il en est de même des documents, débris et faits historiques.

Expliquer un fait historique, la Révolution française, par exemple, par la politique de Richelieu ou celle de Louis XIV, c'est rendre compte des vic- Les causes imaginaires et lointaines en histoire.

toires de la Prusse en 1870 par le génie de Fré-
deric II. Causes lointaines, qui ont en histoire les
mêmes caractères que dans les sciences, et n'acquièrent de valeur que par analogie ou par hypothèse. De
même, expliquer un document par un autre, et
celui-ci par un autre encore, est ne jamais sortir
d'une causalité imaginaire, car chaque document
suppose ses causes propres qu'il s'agit précisément
de découvrir. Nos raisonnements en histoire peuvent
encore dégénérer en simples cercles vicieux, lorsque
nous prétendons, par exemple, rendre compte de
l'histoire d'un peuple par sa race, quand nous ne
connaissons cette race que par cette histoire ; ou
bien, lorsque nous voulons expliquer l'action exercée
par un homme de génie sur son époque, ne con-
naissant de ce génie que cette action. Moyens enfantins dont les conteurs de légendes et de fables
se sont servi de tous les temps.

Nous n'en finirions pas si nous voulions énumérer
toutes les espèces d'erreurs que nous commettons
dans la recherche des causes en histoire.

Soit un jugement simple : la constitution anglaise
a été imitée par les peuples européens. La constitution anglaise est le petit terme, l'imitation par
les peuples européens le grand terme du jugement. Pour transformer ce jugement en un raisonnement régulier par causalité, quel est le terme
moyen, la cause, le primitif du genre dont il s'agit ?
quel est le propre, la loi qui régla l'imitation de
la constitution anglaise par les peuples européens ?

Déjà la seule mise en forme de ce jugement
dévoile l'identité de la méthode historique et de
la méthode scientifique, ainsi que des règles qui

conduisent, en histoire comme dans les sciences, à la découverte des causes. La connaissance des rapports identiques, immédiats et complets que renferme la constitution anglaise au sein de la nation anglaise donnera l'intelligence parfaite de la nature et des caractères de cette constitution, le terme moyen, la cause en tant qu'existante dans la nation anglaise. De même le propre, la loi qui régla l'imitation de cette constitution par les peuples européens, ne sera donné que par la perception des rapports identiques immédiats et complets que chacun des peuples renfermait dans son état politique et social avec celui de l'Angleterre. Hors de là, l'imitation ne fut que désordre, une source de révolutions nouvelles ou de changements incessants dans les constitutions.

Les règles de la découverte scientifique des causes sont tellement constantes que nous pouvons même renverser le jugement simple que nous venons d'émettre, sans que les règles se modifient. Tous les peuples de l'Europe ont imité la constitution anglaise. En ce cas le petit terme du précédent jugement sera le grand, et le grand le petit, mais les études comme les connaissances, qui en résulteront, différeront de la même manière. Le terme moyen, la cause sera non plus la constitution anglaise et les rapports que son existence impliquait au sein de la nation anglaise, mais l'état social et politique des peuples européens qui les porta à ne plus être satisfaits de leurs propres constitutions. Et la loi de l'imitation de la constitution anglaise ne sera plus exprimée par la perception des rapports que renfermait la constitution anglaise avec l'état politique des peuples qui l'imitèrent, mais par celle que ces peuples crurent découvrir entre leurs aspirations nouvelles et la constitution anglaise. Dans le premier exemple, c'est la constitution anglaise et les effets produits par son imitation sur d'autres peuples qui deviendront une connaissance scientifique, dans le second c'est l'état politique de ces peuples et leurs tentatives pour appliquer la constitution anglaise.

Nous pourrions multiplier les exemples ; tous se réduisent à une question posée, un jugement simple, et à un jugement sur ce jugement, d'après les règles de la découverte des causes.

Si beaucoup de jugements, que nous émettons en histoire, nous paraissent ne pouvoir être transformés en des raisonnements parfaits de causalité, par manque de données suffisantes, ce n'est que, faute de réflexion.

Les peuples qui n'ont point laissé de traces, les époques dont il ne reste point de monuments, sont pour nous comme s'ils n'avaient jamais été ; nous ne pouvons émettre ni petit ni grand jugement à leur sujet. Quant aux moindres débris historiques qui subsistent, il en sera comme de l'os de Cuvier ou de la planète de Leverrier. Mieux nous comprendrons l'époque dans laquelle nous vivons, mieux nous interpréterons les débris qui restent du passé ; et plus notre puissance de percevoir les rapports identiques, immédiats et complets sera grande, moins nous aurons besoin de documents nombreux.

Les causes individuelles en histoire. En une chose seulement l'histoire paraît différer des autres sciences, par le rôle que jouent les personnalités éminentes, l'action qu'elles exercent sur le cours des événements.

C'est une dernière illusion. Les faits, lorsqu'il s'agit d'une grande individualité historique, doivent être recueillis de la même manière que tous les faits, et leur coordination obéit à la même règle que chaque induction. Les faits peuvent être insuffisants, l'induction incomplète, la règle ne change pas de nature. Une personnalité éminente dans la politique ou dans la guerre, les arts ou les lettres, les croyances ou les sciences, ne nous deviendra intelligible que si nous parvenons à coordonner les faits et documents qui la concernent, de telle façon que, par la perception de leurs rapports immédiats et complets, son caractère en ressorte comme une statue de bronze sort de son moule. Quant à l'action que cette personnalité aura exercée sur ses contemporains, elle ne nous sera encore révélée que par la perception des rapports qui existent entre ses origines, son caractère, ses tendances, son but avec ceux de ses contemporains.

Un Charlemagne et un Napoléon sont aussi impossibles au sein d'une peuplade de sauvages, qu'un Newton ou un Leibnitz. Il en est des grands hommes dans l'histoire comme des découvertes dans les sciences, ils tiennent à leur époque.

Les recherches du caractère d'un peuple ou de la loi qui régit l'histoire d'une nation, sont sujettes aux mêmes règles ; leurs origines peuvent se perdre dans la nuit des temps, leur histoire peut paraître insaisissable par la multiplicité des événements. La

connaissance du caractère d'un peuple ne nous sera
donnée que par la perception des rapports identiques,
immédiats et complets que nous sommes· capables
de découvrir entre la manifestation de ses facultés
à travers les différentes périodes de ses annales, et
la loi de son existence ne nous sera révélée que par
le retour régulier des mêmes phénomènes à travers
la succession des noms, des dates et des événements.
Si les documents manquent pour certaines époques,
si pour d'autres ils sont trop abondants, là n'est
point la question ; elle gît tout entière à savoir
s'il en existe assez pour faire l'induction du caractère de ce peuple et de la loi de son histoire.

Dans la théorie aristotélicienne les causes individuelles restaient insaisissables ; il n'en est point de
même dans les raisonnements complets par causalité, parce qu'ils procèdent non plus par trois, mais
par quatre termes, et qu'ils embrassent, avec le primitif du genre dont il s'agit, encore le propre à
démontrer.

Cette observation est tellement juste, que si nous
soulevions la question de l'action d'un simple pay-
san sur l'histoire de son pays, elle ne serait soluble
que d'après les mêmes règles. Il faudrait établir
son caractère par les actes et les faits que nous en
connaissons, tout comme celui d'un homme illustre
ou d'un peuple entier, et découvrir dans ses rapports
identiques, immédiats et complets avec ses conci-
toyens le rôle de l'action personnelle qu'il a eue.

Enfin il est une dernière espèce de causalité individuelle qui peut acquérir une influence sur les
événements historiques, c'est celle des erreurs des
historiens eux-mêmes. On a prétendu, non sans rai-

son, que l'histoire du „Consulat et de l'Empire“
avait plus contribué à la restauration du second
Empire que toutes les menées du prince Louis Napoléon. L'historien, en ce cas, loin de faire de
l'histoire une science, ne l'expose que comme un
reflet des illusions et des passions de son époque,
et prend part aux luttes du jour. Son influence
équivaut à celle de tous les préjugés et croyances
possibles. Dans ces conditions, l'œuvre de l'historien devient un fait historique comme le premier
article de journal venu ; ce n'est pas de la science.

Les conditions de la découverte des causes sont
les mêmes en histoire et dans les sciences ; les
difficultés sont identiques.

En morale et en histoire, comme dans les autres
sciences, la cause est toujours proportionnelle à ses
effets et de même nature. Toute autre forme de causalité nous est inintelligible et conduit à l'obligation
de devoir admettre qu'un même phénomène puisse
être et n'être pas à la fois tel qu'il est. Nous ne
pouvons pas plus concevoir en morale et en histoire que dans les sciences exactes, que la notion
d'un même rapport entre des faits divers ne soit pas
l'expression d'un même élément contenu en chacun
d'eux. L'hypothèse de la possibilité du contraire est
un non-sens et implique contradiction.

Il n'y a qu'une différence entre les sciences morales et historiques et les sciences exactes ; elle
provient, non pas des lois intellectuelles, mais de
la dissemblance de leur objet. Tandis que les causes
nous sont étrangères dans les sciences de la nature,
elles nous sont propres dans les sciences de l'homme.
Il en résulte une évidence spontanée plus grande

Difficultés de la découverte des causes dans les sciences morales et historiques.

et plus intime, grâce aux faits constatés par la conscience ; mais la même évidence devient aussi une source constante d'illusions et d'erreurs. Nos passions, nos préjugés, notre éducation intellectuelle et morale troublent infiniment plus la limpidité de nos jugements dans l'interprétation des faits moraux et historiques, que des phénomènes naturels.

La conscience peut nous dicter le précepte moral, ne fais pas à autrui ce que tu ne voudrais pas qu'on te fît, mais elle peut aussi nous dicter cet autre précepte, œil pour œil, dent pour dent. Quel est l'acte moral duquel dérivent l'un et l'autre précepte, quel est le primitif du genre et le propre, la loi qui régit les actes des hommes ?

Se rendre compte de notre ignorance à ce sujet, c'est comprendre les difficultés particulières de la découverte des causes dans les sciences de la morale.

Dans les sciences historiques elles sont encore plus considérables. L'étude des faits présents suffit en morale, la connaissance des faits passés est en outre indispensable en histoire. Quelles furent les causes de la Réforme ? — Le mouvement intellectuel de l'époque qui l'a précédée, les abus de la cour de Rome, les indulgences sont des causes lointaines, et l'esprit d'indépendance qui aurait subitement animé les peuples n'est qu'un cercle vicieux qui répond à la question par la question. Aucune des réponses n'est conforme aux exigences d'une science vivante et certaine. De plus, en admettant que tous les faits nécessaires à la découverte des causes véritables soient connus et notre puissance

d'induction suffisante pour les coordonner, chacun
de nos jugements sur les faits, chacune de nos
inductions renfermera, selon que nous serons pro-
testant ou catholique, conservateur, libéral ou révo-
lutionnaire, une valeur constante, sans rapport avec
la question: notre état intellectuel et moral.

Si à ce propos nous voulions revenir à la formule si compliquée, que nous avons donnée de la
découverte des causes dans les sciences, et représenter ce facteur constant par — y, nous nous
trouverions en présence de l'insoluble formule,
$a^{-1} : b'^{} \underset{=}{} c'^{-1} x'^{-1}.$

Cette formule pourrait au besoin servir pour expliquer le retard que nous observons dans les progrès des sciences morales et historiques, aussi bien
que pour montrer le degré de grandeur morale et
de sérénité intellectuelle auquel l'historien et le mo-
raliste doivent s'élever, pour arriver à faire de
l'histoire et de la morale de véritables sciences.

La formule n'en restera pas moins insoluble. En
ôtant à l'homme l'inconnue — y, c'est-à-dire tout ce
qui peut troubler son jugement en morale et en
histoire, il ne lui restera guère que ses affections
instinctives et ses connaissances mathématiques.
Dans ces conditions il perd jusqu'à la possibilité
de comprendre les actes de ses semblables. Faire
abstraction, dans nos jugements sur les autres, des
nombreuses causes d'erreur qui dérivent de notre
pensée sujette aux rapports lointains dans toutes
les questions qu'elle ignore, c'est prétendre à une
supériorité qu'il n'est pas donné à l'homme d'atteindre.
Sous cette forme l'inconnue — y ne sera pas éliminée.

Mais elle nous ramène à la condition générale,

que nous avons signalée plus haut, des progrès dans les sciences de l'histoire. Ce que les actes que nous pouvons comprendre ou commettre sont à notre nature propre, les faits d'un événement historique quelconque le sont aux hommes qui les ont accomplis. Plus la science que nous possédons de nous-même et de nos semblables s'accroîtra, plus nos raisonnements en morale et en histoire deviendront justes et les découvertes que nous pouvons y faire scientifiques. Un jour viendra sans doute où un historien, émule de Cuvier, pourra d'après un document, reste d'une civilisation éteinte, décrire la civilisation dont il fut le produit.

Jusque-là les sciences morales et politiques continueront, malgré l'accumulation des faits, à suivre les règles d'esthétique qui régissent les arts et'les lettres, non seulement dans l'ordonnancement et l'exposition des faits, mais encore dans la recherche lointaine des causes.

L'enchaînement naturel et logique des événements, l'harmonie de l'ensemble, l'unité et le relief des caractères donnent naissance à des chefs-d'œuvre en histoire d'après les mêmes règles et pour les mêmes raisons que dans les lettres.

Les découvertes en politique et en législation. Rien ne le démontre mieux que la politique, qui est à la fois la mère de l'histoire et bien plus un art qu'une science.

On parle bien d'une science politique. Il existe même des professeurs qui l'enseignent. Mais leur enseignement consiste tantôt dans l'histoire des faits qui en proviennent et des théories qui s'y rapportent, tantôt dans l'exposé des connaissances pratiques indispensables à l'homme d'État ou à l'homme politique.

Si cependant on se donnait la peine d'étudier les actes d'un grand homme d'État, qui au lieu de sa prétendue science porte son génie dans la politique, on se persuaderait aussitôt qu'une partie de ces actes ou de ces résolutions prennent, par leur netteté et leur précision, un caractère vraiment scientifique.

Mommsen, dans son histoire romaine, nous en donne un exemple remarquable. Il nous montre Rome à l'époque de César, sa situation politique, la nécessité d'en consolider l'ordre ébranlé, d'en maintenir la puissance, de soutenir tel parti, de rallier tel autre, de façon que toutes les mesures prises par César apparaissent avec les caractères de véritables découvertes scientifiques ! Chacun de ses actes semble l'effet d'une notion générale aussi nette que précise de l'état intellectuel et moral du peuple romain, le primitif du genre dont il s'agit, et chacune des lois, chacun des décrets qu'il fit devinrent, suivant l'expression si juste de Montesquieu, l'expression des rapports nécessaires qui dérivaient de la nature des choses, des actes et des faits qu'il importait d'ordonner.

Ce sont, en effet, ces conditions qui font la force de toutes les législations vivantes des peuples et le succès de tous les grands hommes d'État. Les mauvaises lois sont comme les fausses découvertes, et les hommes d'État médiocres comme les savants vulgaires. Ces derniers ne savent que se souvenir dans la science qu'ils possèdent, les premiers ne

font que se servir de l'expérience qu'on leur a
enseignée ; ceux-ci sont aussi incapables d'une
initiative heureuse que ceux-là d'une induction nouvelle, et si l'instinct de la réalité sert plutôt de guide aux uns, la perception des rapports
des choses de direction aux autres, cet instinct est
trouble chez les premiers et cette perception est
impuissante chez les seconds.

Enfin, une loi peut être sage à un point de
vue, mauvaise à un autre ; un grand homme
d'Etat peut décréter des mesures surprenantes dans
une direction de la politique et s'égarer complètement dans une autre. Comme les Copernic et les
Képler, il n'y a même guère d'homme d'Etat qui
ne soit point quelque peu astrologue en certaines
matières,

Le fond du procédé intellectuel est chez tous
le même. La conformité de l'induction scientifique
et de l'induction en politique ou en législation
éclate non seulement dans les décisions, les pres-
criptions, les mesures heureuses, mais encore dans
les erreurs et les fautes.

La
découverte
et
l'invention
dans
les arts
et
les lettres.

Les grandes lois de notre intelligence qui régissent à des degrés si divers nos jugements et
nos raisonnements, se manifestent dans les découvertes des sciences, se retrouvent dans l'interprétation des principes de la morale et des événements de l'histoire et se révèlent jusque dans les
actes de la politique, sont tellement profondes et
leur action est si étendue, qu'elles dominent encore, quoique sous une forme absolument instinctive, les découvertes et les inventions dans les arts
et les lettres.

Un tableau, une statue ou un monument ne mérite le titre de chef-d'œuvre qu'à la condition que toutes ses parties s'accordent dans leurs détails et s'harmonisent dans l'ensemble, comme un acte politique bien conçu, une histoire, une découverte bien faites. Dans une œuvre littéraire, un roman, un drame, une comédie, l'intrigue ne prend de la réalité et du relief que si les scènes et les événements s'enchaînent et se coordonnent, dépendent les unes des autres comme les rouages infinis des grandes inventions dans les arts mécaniques ; et les personnages, les héros ne s'animent, ne prennent de la consistance que si leurs actes, leurs paroles, leurs sentiments sortent comme d'une source vive de caractères toujours fidèles et identiques à eux-mêmes suivant l'immuable règle de la découverte des causes.

Créer un type dans les arts, un caractère dans les lettres est une œuvre de génie de même nature que découvrir une cause dans les sciences et faire une bonne loi en politique.

Enfin jusque dans l'admiration, l'enthousiasme que soulèvent les produits merveilleux des arts et des lettres, nous retrouvons l'identité de la démonstration et de la découverte scientifiques. Le spectateur d'un chef-d'œuvre plastique, l'auditeur ou le lecteur d'un chef-d'œuvre littéraire doit spontanément, par sa propre activité intellectuelle, découvrir l'identité des rapports contenus dans l'enchaînement des événements, l'unité des caractères, dans l'harmonie des lignes et des contours, des ombres et des lumières, absolument comme l'enfant doit percevoir par lui-même dans une démonstration scientifique l'universel et le nécessaire.

Sans cette découverte spontanée, l'admiration devient artificielle, comme la science se transforme en mémoire des mots.

Ces analogies si profondes, qui dévoilent jusque dans leurs effets les plus irréfléchis la justesse des lois de l'invention et de la découverte, ne détruisent cependant en rien les grandes différences qui existent entre les arts et les sciences. Celles-ci ne dérivent que de notre activité purement intellectuelle, tandis que les autres procèdent en outre de tous les mobiles de notre vie morale, de nos plaisirs et de nos souffrances, de nos affections et de nos douleurs, de nos croyances les plus intimes, de nos aspirations les plus idéales. Caractères par lesquels les arts et les lettres nous ramènent à la question, que nous venons de soulever il y a un instant, des conditions de la science de la morale.

Or, si ces conditions nous font entrevoir la possibilité d'une science dont nous possédons à peine les premiers éléments, elles nous portent aussi vers la dernière application qu'il nous reste à faire de la loi de causalité et des règles qui en dérivent, aux données propres à la philosophie.

Les règles de la découverte des causes en philosophie. Sous certains rapports la philosophie est un art. Elle en a les caractères par l'unité des systèmes, l'identité de leur principe, l'enchaînement des conséquences. C'est à tel point que toutes les grandes époques littéraires ont été de grandes époques de philosophie, et que la plupart des chefs-d'œuvre de la philosophie sont en même temps des chefs-d'œuvre de littérature. Les Platon, les Descartes, les Pascal, les Locke, les Leibnitz ont été à la fois de grands artistes dans l'exposition de leurs idées et de grands penseurs dans leurs recherches de la vérité.

C'est comme recherche de la vérité que la philosophie est une science. Elle s'est développée à travers les temps absolument de la même manière que toutes les sciences, quoique ses progrès aient été plus lents en raison des immenses difficultés de son objet. C'est dans les liaisons lointaines que les idées présentent entre elles, qu'elle a cherché, comme les sciences, ses premières solutions ; et c'est à travers des hypothèses successives, l'expérience des théories émises, les observations pratiques, commé les sciences encore, qu'elle s'est développée.

Il ne saurait entrer dans le cadre de cette étude d'esquisser une histoire de la philosophie. Il nous suffira de constater que chaque fois où l'expérience des doctrines, par les conséquences extrêmes qui en découlaient, s'était faite et que des données nouvelles se trouvaient acquises, la philosophie a fait des découvertes à l'instar des autres sciences.

Les règles du syllogisme, en dépit de la confusion de leur auteur, celles de la définition qui servent encore de fondement à nos sciences naturelles, les règles de Descartes qui nous prescrivent de ramener la science des choses du monde extérieur aux formules de leur étendue et de leur mouvement, l'origine que Locke attribuait aux axiomes, le caractère universel et nécessaire que leur reconnaissait Leibnitz, ont été successivement des découvertes dans l'ordre de la pensée, dignes des plus immortelles découvertes des sciences.

Locke, en constatant que l'enfant et le sauvage obéissaient naturellement aux axiomes de même que l'homme instruit, remonta simplement au primitif du genre dont il s'agissait, l'identité des lois qui régissent les actes de l'intelligence humaine. Leibnitz, en les déclarant universels et nécessaires, obéit à la même règle et en reconnaît l'importance comme lois intellectuelles. Descartes, en recherchant le primitif du genre de nos connaissances du monde extérieur, en définit la cause en même temps que la loi générale : toutes participent de la même manière de l'étendue et du mouvement. „Il n'y qu'une „matière... tout l'univers et nous la connaissons „par cela seul qu'elle est étendue ; parce que toutes „les propriétés que nous apprenons distinctement „en elle se rapportent à ce qu'elle peut être divisée „et mue selon ses parties, et qu'elle peut recevoir „toutes les diverses dispositions que nous remar„quons.“ [1]) „L'astronomie, la physique, la médecine „et toutes les autres sciences qui dépendent de la „considération des choses composées, sont fort dou„teuses et incertaines. Mais l'arithmétique, la géo„métrie et les autres sciences de cette nature, qui „ne traitent que de choses fort simples et fort gé„nérales, sans se mettre beaucoup en peine si elles „sont dans la nature ou si elles n'y sont pas, con„tiennent quelque chose de certain et d'indubitable ; „car, soit que je veille ou que je dorme, deux et „trois joints ensemble forment toujours le même „nombre cinq, et le carré n'aura jamais plus de „quatre côtés.“ [2]) Ce ne fut point la théorie des tourbillons, mais les progrès accomplis en astronomie, en physique, en mécanique qui justifièrent

---

1) Les principes, 1re partie.
2) Médit. première.

la grande découverte philosophique de Descartes.
Les formules mathématiques de tous les mouvements,
formes et changements de situation des parties de
la matière nous en donneraient la science parfaite :
la science de l'identité des lois qui régissent
notre intelligence dans sa conception des nombres,
des quantités et des grandeurs, et de celles qui dominent les phénomènes du monde extérieur. Si Descartes a cru devancer la marche lente et pénible
de la science exacte par sa théorie des tourbillons,
sa conception première en fut-elle moins juste ? —
Il en a été de même de la syllogistique et de la
définition d'Aristote, que la confusion des idées
de genre avec la substance formelle des êtres empêcha de développer dans leur entière portée. La
part de vérité qu'elles renferment est-elle moins
grande ? leur découverte moins réelle ?

Il arrivera un jour, et il n'est peut-être pas
éloigné, où l'on étudiera en philosophie les grands
penseurs, comme dans les sciences on étudie les
Kepler et les Newton. Qu'importent leurs hypothèses
et leurs erreurs ; c'est la part de vérité que leurs
doctrines renferment qu'il faut distinguer.

La philosophie, sous peine de se perdre dans les
rapports lointains ou imaginaires, obéit dans sa
découverte des causes absolument aux mêmes règles
que les autres sciences. Prenons pour terminer un
exemple entre mille.

Descartes, en définissant le moi par son identité
et son indivisibilité, le non-moi par son étendue
et sa divisibilité, empêcha tout jugement ayant une
portée scientifique quelconque sur les rapports qui
existent évidemment entre le moi et le non-moi.

Quel grand jugement pouvait-on émettre sur le jugement simple, je pense le moi inétendu, indivisible, le non-moi étendu et divisible ? — Les rapports affirmés dans le sujet qui pense sont tellement lointains qu'ils sont impossibles à concevoir, et paraissent contradictoires.

La philosophie moderne lutta vainement contre cette difficulté. Un moment Kant entrevit la solution en faisant de l'espace et du temps les formes *a priori* de notre activité intellectuelle. Mais quel rapport encore peut-il y avoir entre l'étendue abstraite que nous pensons et l'étendue réelle que nous percevons et mesurons à grand'peine, entre le temps abstrait que nous pensons en un instant et la durée véritable que nous calculons avec non moins de soins que l'étendue réelle ? — La contradiction dans les termes subsistait toute entière ; sans parler de l'hypothèse elle-même, qui nous ramenait aux idées innées.

Au fond cependant la pensée de Kant fut juste, et, si son hypothèse ne constitue pas une véritable découverte, elle fut du moins un merveilleux pressentiment.

Si nous examinons, non plus l'acte de penser et ses applications successives, abstraction faite de son contenu, mais ce contenu lui-même, nos idées formées, nous découvrons que toutes nos idées sont les produits d'actes divers, qu'elles se distinguent les unes des autres et se succèdent les unes aux autres. Si nous pensions une idée toujours la même, ou si nous pensions nos différentes idées sans succession, nous ne penserions pas. Nous pensons donc nos idées, diverses et successives. Quels sont les rapports identiques, immédiats et complets que nous percevons entre·elles ? Posée sous cette forme, la question nous conduit immédiatement non pas aux formes abstraites de l'espace et du temps, ni au *cogito ergo sum* de Descartes, mais à l'évidence spontanée et inéluctable de notre propre existence et de celle du monde extérieur. Double certitude qui provient non pas de ce que les idées de l'espace et du temps nous seraient innées ou de ce qu'elles seraient le produit d'une intuition *a priori*, mais précisément de ce qu'elles ne le sont pas. L'évidente certitude de la diversité de nos idées et de leur succession, par suite de notre existence et de celle du monde extérieur, dérive de ce que toutes nos idées, se rapportant à notre pensée, n'impliquent aucune étendue réelle et sont conçues dans une succession indépendante de celles se rapportant au monde extérieur qui renferment toutes de la même manière leur étendue et leur durée propres.

Aucune sensation, aucune idée des objets du monde extérieur ne nous est donnée sans impliquer son étendue. C'est à tel point qu'il nous est impossible d'imaginer l'existence objective d'un point ou d'une ligne par exemple. Il en est de même de la durée réelle des objets concrets; nous la concevons toute différente de la durée pensée, un siècle véritable qui ne serait qu'un instant nous est inconcevable. Il en résulte d'abord une distinction parfaite entre la certitude de notre existence et celle du monde extérieur. Il en résulte en second lieu que, du moment que nous arrivons à dégager de nos idées diverses et successives, les rapports qu'elles renferment, nous nous formons nécessairement les notions d'un espace infini et abstrait, comme d'un temps éternel et non moins abstrait, car quoi que nous fassions, il nous est impossible de concevoir l'existence de quoi que ce soit hors 'de l'étendue et de la durée réelle, impliquées sous deux formes différentes dans toute idée. Nous donnons même à ces nécessités intellectuelles des formes axiomatiques; rien n'existe en dehors de l'espace, rien en dehors du temps. Mais c'est toujours comme notions abstraites que nous les entendons ; l'étendue de l'espace véri⁺ le et la durée réelle du temps nous sont inconnues. Ces deux notions ne sont donc pas les conditions *a priori* de notre activité intellectuelle, mais elles sont le produit de cette activité et l'expression de la perception de deux rapports identiques, immédiats et complets, contenus d'un côté entre les idées se rapportant à notre existence propre et d'un autre entre celles se rapportant au monde extérieur.

Cette explication , si conforme qu'elle soit à la certitude spontanée de l'existence du moi et de celle du non-moi, n'est toutefois qu'une hypothèse. Elle présente, si nous prétendons en faire un argument scientifique, un cercle vicieux.

La perception de l'identité immédiate et complète des rapports qui existent entre toutes nos idées en tant que provenant de notre activité propre, nous donne la conscience de notre existence, le primitif du genre dont il s'agit, la notion de la causalité du moi. Interrompez un instant la perception de ces rapports, comme dans certaines maladies, aussitôt la conscience du moi et tout souvenir disparaît. En second lieu, la perception des rapports identiques, immédiats et complets, contenus en un grand nombre d'idées, impliquant une étendue réelle et une durée distincte de notre activité intellectuelle, nous donne la certitude de l'existence du monde extérieur et du même coup la notion de sa causalité propre, du primitif du genre de toutes les idées qui s'y rapportent. Détruisez un instant la perception de ces rapports, et la certitude de l'existence du monde extérieur devient à son tour inexplicable.

Ces deux raisonnements, si instinctifs et spontanés qu'ils paraissent, et si conformes à la première règle de la découverte des causes qu'ils soient, sont cependant incomplets. En répondant au jugement simple : *nous avons des idées diverses et successives qui se rapportent à nous-mêmes et au monde extérieur*, parce que nous avons la conscience de notre causalité propre de laquelle dérivent les idées que nous rapportons à nous-mêmes, ainsi que de celles qui en sont différentes et que nous rapportons au monde extérieur, nous répondrions évidemment à la question par la question. Toutes nos explications n'y changeront rien. La réponse est une affirmation pure, une hypothèse, tant qu'elle ne sera pas scientifiquement démontrée suivant la seconde règle, par la découverte du lien, de la loi qui régit nos idées, qu'elles se rapportent à nous-mêmes ou au monde extérieur.

Quel est ce lien ?

Penser, c'est percevoir les rapports des choses, par suite les rapports de la double origine que nous attribuons à nos idées.

Or, il n'y a qu'une forme sous laquelle ces rapports nous deviennent intelligibles, suivant la seconde règle de la découverte, c'est par la perception des rapports identiques, immédiats et com-

plets que le double attribut du sujet donné renferme.
De même, il n'y a qu'une condition dans laquelle la
perception de cette identité est possible, c'est celle
où les lois qui régissent ma pensée et la formation
de mes idées sont identiquement les mêmes que
celles qui régissent l'existence de toutes choses.

La découverte seule de ces lois me donnerait la
connaissance du lien qui unit l'existence de toutes
choses et de moi-même en tant que cause à tous
les effets qui en dérivent, mes idées formées.

Cette découverte est-elle possible ?

Nous percevons l'étendue réelle et nous nous formons l'idée d'une étendue abstraite, nous percevons
la durée réelle et nous nous formons l'idée du temps
abstrait, nous voyons des objets multiples et divers
et nous nous formons les idées de nombres et de
grandeurs, de distances, de mouvements et de forces,
que nous appliquons aux objets du monde extérieur
avec une certitude parfaite, et à nos idées avec une
évidence emportant un caractère de nécessité absolue,
parce qu'elles sont l'expression d'actes propres à notre
intelligence. Les rapports entre les lois qui régissent
les actes de notre intelligence et les lois qui dominent les phénomènes du monde extérieur, existent
donc, et les formules mathématiques des formes
élémentaires, de leurs divers degrés de force et de
leurs changements successifs, nous donneraient forcément l'intelligence des rapports identiques, immédiats et complets qui existent entre nos actes intellectuels et les phénomènes multiples et divers
des choses.

Les sciences dans leurs découvertes les plus mémorables n'ont point procédé autrement, et la science
du monde ne pourra s'acquérir d'une façon diffé-

ronte. C'est la règle cartésienne dans sa portée profonde, entière.

Nous ne poursuivrons pas davantage les applications et les conséquences qui dérivent de la loi de causalité, quoique de grands problèmes philosophiques s'y rattachent encore, tels que ceux de la substantialité et de l'être en soi des choses, de l'Etre et des idées absolus, et tant d'autres. Mais la solution de ces problèmes suppose l'analyse et l'étude de principes et de lois intellectuelles qui n'appartiennent plus à la question posée par la haute Assemblée.

Aussi croyons-nous devoir nous contenter de constater que depuis nos certitudes les plus élémentaires jusque dans les découvertes les plus hautes, les spéculations les plus hardies, nous retrouvons la même loi, les mêmes règles, que dans les autres directions de l'esprit humain. *Conclusion.*

Loi dont les origines remontent à notre faculté de penser, laquelle ne rend toute chose intelligible, objet de connaissance, que par la perception de ses rapports à autre chose, par le jugement.

Loi qui dans sa forme complète est l'expression des phénomènes intellectuels qui dérivent de l'application de notre faculté de penser à tout jugement donné, celui-ci devenant aussitôt l'effet, et, les rapports affirmés par un second jugement, la cause.

Loi qui ne nous enseigne rien, ni de la nature de la cause ni du lien qui l'unit à son effet, et qui explique aussi bien l'origine des hypothèses et croyances des hommes que leurs progrès et leurs découvertes, parce qu'elle est dominée par la loi qui régit tout acte de penser : *rien ne peut être et n'être pas à la fois,* de laquelle découle l'identité nécessaire des rapports perçus ; identité qui, dans les hypothèses et croyances est lointaine, partielle, dans les inventions et découvertes immédiate, complète.

Loi dont la portée scientifique se révèle depuis les premières inventions et découvertes des hommes, et qui donne la clef de leurs progrès constants dans la science des choses, parce qu'elle est l'expression de leur intelligence appliquée, dans sa puissance et dans sa plénitude entières, à la perception des rapports identiques, immédiats et complets que toutes les choses, qui nous sont d'abord données dans leur diversité infinie, renferment entre elles en réalité.

Loi enfin dont les caractères scientifiques se résument dans l'application de deux règles fort simples, que tout jugement d'un jugement donné, pour emporter nécessité et universalité, doit contenir 1° un sujet qui par les rapports qu'il exprime implique l'existence du sujet du jugement donné en tant qu'il renferme son attribut ; 2° un attribut qui par ses rapports exprime et explique l'attribut du jugement donné comme étant contenu dans les deux sujets à la fois.

En dehors de cette loi il ne saurait y avoir, il n'y a pas d'autres règles ou d'autres formes de la découverte des causes.

II

RÉPONSE.

Das Kausalitätsgesetz

und

das Prinzip des hinreichenden Grundes.

I.

Eine doppelte Frage.

Zur Feier des Jahrestages von Leibnitz hat die Akademie als Preisfrage: die Prüfung des Ursprunges, des Sinnes und der Bedeutung des Kausalitätsgesetzes aufgegeben. Leibnitz war der Ansicht, daß nicht dieses letztere Gesetz, sondern das Prinzip des hinreichenden Grundes das zweite Hauptgesetz unseres Denkens bilde. Als erstes Hauptgesetz betrachtete er das Prinzip des Widerspruches.

Danach drängt sich uns vor Allem die Frage auf: Bieten das Kausalitätsgesetz und das Prinzip des hinreichenden Grundes gegenseitig vollkommenen Ersatz für ein-

---

LA LOI DE CAUSALITÉ ET LE PRINCIPE DE LA RAISON SUFFISANTE.

I.

UNE DOUBLE QUESTION.

L'Académie a mis l'examen de la loi de causalité, son origine, son sens, et sa portée au concours, pour l'anniversaire de Leibnitz, qui était d'avis que le principe de la raison suffisante, et non pas la loi de causalité, formait la seconde loi principale de notre intelligence. Il considérait le principe de contradiction comme la première.

Il en résulte une difficulté importante et une seconde question: la loi de causalité et le principe de la raison suffisante peuvent-ils l'un complétement remplacer l'autre?

anber? Sind beide abäquate Ausbrucksformen eines und besselben Gesetzes unseres Denkens?

Daß das nicht der Fall ist, ist offenbar. Der Grund, weßhalb die drei Winkel eines Dreiecks gleich zwei rechten sind, liegt in der vollkommenen Identität der Summe der drei Winkel mit der Größe von zwei rechten. Dieser Grund ist jedoch weit entfernt, die Ursache davon zu sein, und ist die Gleichheit von Winkeln im Allgemeinen überhaupt von der Natur des Dreiecks, welche Natur allein die Ursache seiner Eigenschaft ist, zu unterscheiden.

Gehen wir von den mathematischen Sätzen zu den mechanischen oder physischen über, so fällt uns dieselbe Verschiedenheit in eben derselben Weise auf. Der Grund warum der Regen fällt, liegt darin, daß alle Körper im direkten Maaße ihrer Massen und im entgegengesetzten Verhältniß des Quadrats ihrer Entfernung sich gegenseitig anziehen. Dieser Grund ist jedoch nur die einfache Erkenntniß einer allgemeinen Eigenschaft der Körper, die in dem fallenden

---

sont-ils des expressions adéquates d'une même loi de notre intelligence?

Il est évident que tel n'est point le cas. La raison, pourquoi les trois angles d'un triangle égalent deux droits, est la parfaite identité de la somme des trois angles et de celle de deux droits. Mais cette raison est aussi différente de la cause que l'égalité des angles en général est différente de la nature même du triangle, laquelle seule peut être considérée comme la cause des propriétés qui le distinguent.

Si au lieu de prendre un exemple dans les mathématiques, nous en choisissons dans les sciences de la mécanique ou de la physique, la même différence éclate et se révèle de la même manière. La raison, pourquoi la pluie tombe, est que les corps s'attirent en raison directe des masses et en raison inverse du **carré** des distances. Cette raison n'est cependant que la simple constatation d'une propriété générale des corps appartenant aussi bien à l'eau

Wasser ebenso enthalten ist, wie in jedem anderen Körper und mithin nicht als die wahre Ursache desselben angesehen werden kann.

Am auffallendsten aber erscheint der Unterschied zwischen den beiden Ausdrucksformen, wenn wir dieselben im täglichen Leben anwenden: Ich begegne einen Freund Unter den Linden und frage ihn, wohin er gehe? — Er antwortet, nach Hause. — Da ich weiß, daß er in einer Anlage am Thiergarten wohnt, so scheint mir seine Antwort vollkommen befriedigend, und auch zugleich der Grund zu sein, warum er mir Unter den Linden begegnete. Ist dieser Grund aber auch die Ursache warum mein Freund nach Hause geht, oder gar die Ursache warum er in einer Anlage nächst dem Thiergarten wohnt? —

Ich erfahre später, daß mein Freund nicht nach Hause gegangen, sondern daß er einen Besuch in der Wilhelmsstraße gemacht hat. Ich begegne ihm wieder und frage ihn warum er mir die Wahrheit nicht gesagt habe, und wohin

---

qui tombe qu'à tout autre corps; elle ne peut donc être considérée comme la véritable cause du phénomène.

La différence entre les deux formules devient surtout frappante lorsque nous les appliquons à des faits de la vie journalière.

Je rencontre un ami sous les Tilleuls, et je lui demande où il va? — Il me répond, à la maison. — Sachant qu'il habite dans une avenue du Parc, sa réponse me semble parfaitement suffisante et en même temps la *raison* pourquoi je le rencontre sous les Tilleuls. Mais cette *raison* est-ce la *cause* pour laquelle mon ami se rend chez lui, ou bien la cause pour laquelle il habite une avenue du Parc?

J'apprends plus tard que mon ami ne s'est pas rendu chez lui, mais qu'il a fait une visite rue Guillaume. Je le rencontre de nouveau et je lui demande pourquoi il ne m'a pas dit la vérité et après l'endroit où il s'est vraiment rendu? Je lui pose ainsi une double question; l'une pour m'informer de la *cause* pour laquelle il ne m'a pas dit la vérité,

er eigentlich gegangen sei? Ich stelle ihm somit eine doppelte Frage: über die Ursache, warum er mir die Wahrheit verschwiegen, über die Wirkung, wohin er gegangen;
und der Grund, nicht die Ursache meiner Frage ist,
daß er mir die Wahrheit nicht gesagt hatte.

Siehe, erwiedert er mir, ich ging zu B., dessen Tochter
ich zu heirathen wünsche, und da du ihn auch kennst, fürch-
tete ich du wollest mich begleiten, und schließlich ging ich
ja doch von B. nach Hause.

Der Grund, warum mein Freund mir die volle Wahrheit nicht gesagt hatte, war mir einleuchtend. Die Ursache
jedoch, warum er sich verheirathen wolle, und auch die Ursache, warum er eben Fräulein B. und keine andere als
Braut heimzuführen wünsche, blieben mir unbekannt.

Die beiden Ausdrücke Grund und Ursache gleichen sich
in diesen verschiedenen Beispielen also nicht aus, und der
Leibnitz'sche Satz: *nihil est sine ratione aut sit aut non
sit,* ist nicht adäquat mit jenem des Kausalitäts-Gesetzes,
welches sagt: Keine Wirkung ohne Ursache.

---

l'autre pour m'informer de l'*effet,* de l'endroit où il s'est
rendu, et la *raison,* non pas la *cause* de ma double question
est qu'il ne m'avait pas dit la vérité.

Je suis allé, me répondit-il, chez B. dont je désire épouser la fille; comme tu le connais également, je redoutais
que tu ne voulusses m'y accompagner, et, en définitif, je
me suis rendu de chez B. à la maison.

La *raison* pourquoi mon ami m'avait caché la vérité me
semblait péremptoire. Mais la *cause* pour laquelle il dési-
rait se marier, et la *cause* encore pour laquelle il voulait
précisément épouser Mlle B. et non pas une autre me restèrent inconnues.

Dans tous ces exemples les deux expressions de *raison*
et de *cause* sont loin de répondre l'une à l'autre exactement, et la formule de Leibnitz: *nihil est sine ratione aut
sit aut non sit,* n'est évidemment pas adéquate à celle de
la loi de causalité qui dit: point d'effet sans cause.

Man könnte sich verleiten laſſen zu behaupten, dieſer auffallende Unterſchied gerade beweiſe, daß das Kauſalitäts-Geſetz der wahre Ausdruck eines Denkgeſetzes ſei, indem der Grund, der uns als Antwort auf eine geſtellte Frage genügend erſcheint, den Abſchluß derſelben gibt, während das Forſchen nach der wahren Urſache immer in derſelben Weiſe fortbeſteht; ebenſo, könnte man hinzufügen, wie der Begriff von einem Theile uns zwingt, auf das Ganze zu ſchließen, und der Begriff eines Theiles dieſes Theiles Letzteren zum Ganzen des Erſteren umwandelt. •

Dieſe Erklärung aber wäre durchaus ungenügend.

Erſtens, verwandelt der Theil eines Theiles dieſen Letzteren nie in ein Ganzes um. Der Theil bleibt der Theil eines Theiles und dieſer der Theil des gegebenen Ganzen. Wenn ich das Axiom: das Ganze iſt größer als die Theile auf verſchiedene Größen anwenden kann, ſo ſind und bleiben die gegebenen Größen doch ſtets dieſelben Theile oder Ganze, was bei Anwendung des Kauſalitäts-Geſetzes, wo bald die

---

On pourrait se laisser entraîner à prétendre que ces différences si frappantes démontrent précisément que la loi de causalité est l'expression d'une loi intellectuelle, parce que la raison, qui nous est donnée en réponse à une question, si elle nous paraît suffisante, met fin à votre curiosité, tandis que notre besoin de découvrir la cause vraie se maintient toujours de la même manière. De même, pourrait-on ajouter, que l'idée de partie nous force de conclure à un tout, et que l'idée d'une partie de cette partie transforme cette dernière en un tout.

Cette explication serait tout-à-fait insuffisante.

D'abord, la partie d'une partie ne transforme pas cette dernière en un tout. La partie reste la partie d'une autre, laquelle appartient au tout que l'on avait envisagé. Si je puis appliquer l'axiome : le tout est plus grand que les parties à différentes grandeurs, celles-ci restent toujours les mêmes parties et grandeurs, ce qui n'a lieu en aucune

Wirkung bald die Urſache in hinreichenden Grund ſich um=
geſtalten kann, eben nicht der Fall iſt.

Jede gegebene Urſache iſt ein Grund, daß etwas iſt ſo
wie es iſt, aber jeder Grund iſt ſo weit entfernt eine Ur=
ſache zu ſein, daß in den meiſten Fällen und beſonders bei
allen unſern wiſſenſchaftlichen Schlüſſen, nicht die Urſache
ſondern die allgemeine Wirkung zum Grunde wird, wie bei
der Gleichheit der Winkel des Dreiecks mit zwei rechten,
oder bei dem Anziehen, beziehungsweiſe dem Fallen der
Körper.

Jedenfalls iſt die Ausdrucksform des Prinzips des hin=
reichenden Grundes viel umfaſſender als die des Kauſali=
tätsgeſeßes und ſchließt Leßteres in ſich ein; trägt mithin,
wie Leibnitz wohl bemerkt hat, weit mehr den Charakter
eines allgemeinen Denkgeſeßes und kann allein die Löſung
der geſtellten Preisfrage geben. Dieſe mithin zerfällt in
zwei verſchiedene Fragen:

1) Welches iſt der Grund oder ſind die Gründe, warum
der Saß: „keine Wirkung ohne Urſache", als ein Denkgeſeß

façon dans l'application de la loi de causalité où tantôt
l'effet, tantôt la cause se transforment en raison suffisante.

Chaque cause est la raison pour laquelle une chose est telle
qu'elle est, mais chaque raison est si loin d'être une cause,
que dans la plupart des cas, et particulièrement dans tous
nos raisonnements scientifiques, elle n'est qu'un effet général,
comme dans l'égalité des trois angles d'un triangle à deux
droits ou dans l'attraction: la chute réciproque des corps.

Dans tous les cas la formule du principe de la raison
suffisante a un sens beaucoup plus étendu que celle de la
loi de causalité et comprend cette dernière. Elle a par
suite, ainsi que Leibnitz l'a fort bien observé, bien plus le
caractère d'une loi intellectuelle générale et peut seule
donner la solution de la question mise au concours.

La question se présente donc sous une double forme:

1° Quelles sont la ou les raisons pour lesquelles la proposition: „point d'effet sans cause", apparaît comme une loi

erſcheint? — Und welches ſind die philoſophiſchen Deu-
tungen die man davon in den letzten drei Jahrhunderten
gegeben, und die wiſſenſchaftlichen Anwendungen die man
von denſelben gemacht hat?

2° Welches iſt der Urſprung, der Sinn und die Bedeutung des Prinzips des hinreichenden Grundes und welche
iſt ſeine wiſſenſchaftliche Tragweite?

II.
Antwort auf Frage Eins.

Die Kluft, welche ſich ſchon bei Anwendung der erſten
und einfachſten Beiſpiele zwiſchen dem Prinzipe des hinreichenden Grundes und dem Kauſalitätsgeſetze offenbarte, wird
in der Folge immer breiter und tiefer.

Um ſich davon zu überzeugen, genügt es, ſich an das eine
oder andere der Beiſpiele zu halten und in dem Forſchen
nach Wirkung und Urſache weiter voranzugehen.

Bleiben wir bei dem gegebenen Beiſpiele ſtehen und
fragen wir meinen Freund weiter: Warum er ſich denn

---

intellectuelle, et quelles sont les interprétations philosophiques
ainsi que les applications scientifiques qui en ont été faites
dans les derniers trois siècles?

2° Quelle est l'origine, quels sont le sens et la portée
scientifique du principe de la raison suffisante?

II.
RÉPONSE A LA PREMIÈRE QUESTION.

L'abîme qui sépare le principe de la raison suffisante
de la loi de causalité, qui se révèle dès leurs premières
applications, s'étend et se creuse à mesure qu'on le pour
suit.

Pour s'en convaincre, il suffit de se tenir à l'un ou l'autre
exemple et de persister dans la recherche des effets et des
causes.

Revenons au plus simple et continuons à poser des questions à mon ami: pourquoi veut-il donc se marier? — Il

verheirathen will? So kann seine Antwort lauten: Meine zukünftige Braut ist sittsam, sie ist schön, gehört einer guten Familie an; ich baue auf sie und meinen guten Stern um glücklich zu werden. Der letzte Grund ist kindisch — um so triftiger und versprechender jedoch sind die Eigenschaften seiner zukünftigen Braut. Ursachen aber sind keine vorhanden: denn schön, sittsam, von guter Familie sein sind nur Wirkungen fernliegender Ursachen.

Wollen wir die wahren Ursachen kennen lernen, und frage ich meinen Freund weiter: Warum denn eigentlich er sich verheirathen will, so mag er erwiedern: daß er sich in der vollsten Kraft seiner Jahre und sehr einsam fühlt, daß er sich nach dem häuslichen Glück sehnt. Und diese Angaben können uns abermals als sehr gute Gründe erscheinen, aber auch zugleich als Wirkungen, denn ein bestimmtes Alter haben, sich vereinsamt fühlen und sich nach häuslichem Glück sehnen, kann auch bei einem verheiratheten Mann der Fall sein. — Und fragen wir weiter und immer weiter

---

peut nous répondre : ma future est modeste, elle est belle, d'une famille aisée ; je compte sur elle et sur ma bonne étoile pour devenir heureux. — La dernière raison est un enfantillage, les autres n'en sont que plus sensées et les qualités de la future pleines d'heureuses promesses, mais elles ne renferment pas la moindre cause. Avoir de la fortune, être belle, modeste, de bonne famille, sont des qualités et par suite des *effets d'autres causes.*

Nous voulons cependant apprendre la véritable cause de la décision de mon ami : je persiste à le questionner, et lui à me répondre : qu'il se trouve dans la force de l'âge, se sent très isolé dans la vie, qu'il aspire au bonheur domestique, et ces réponses sembleront de nouveau d'excellentes *raisons*, mais aussi des *effets*, car avoir un certain âge, se sentir isolé, désirer le bonheur domestique sont des circonstances dans lesquelles peuvent se trouver également des hommes mariés. Et si nous continuons à nous informer et à nous informer encore du sentiment de

nach Naturtrieben, Familiensinn, Fortpflanzung, nach menschlichem Dasein und nach menschlichem Ursprung, immer wird der von meinem Freunde mir gegebene Grund zur Wirkung und die wahre Ursache mit jeder Frage rückt ferner:

„Abend ward's und wurde Morgen,
„Nimmer stand ich still,
„Aber immer blieb's verborgen,
„Was ich suchte, was ich will.“

Sollten Schillers Verse ein Denkgesetz sein?

Offenbar und nothwendiger Weise denken wir daß ein Theil kleiner ist denn das Ganze. Wenn ich aber einen Theil des Ganzen gedacht habe, und wiederum einen Theil des Theiles denke, so drängt sich mir ebensowenig ein unabwendbares Gesetz auf: immer weiter nach den letzten Theilen der Theile, als nach den letzten Ursachen der Wirkungen zu forschen. Das Forschen nach der letzten Theilbarkeit und das Axiom hängen im Gegentheil so wenig von einander ab, daß ich wohl auf das Dasein unendlich kleiner

famille, des instincts de reproduction, de la génération humaine, des origines de l'humanité, toujours la raison qu'alléguera mon ami se transformera en un effet; la cause véritable s'éloignera avec chaque nouvelle question :

„Le soir survint, puis vint le jour,
„Je marchais sans cesse,
„Mais toujours se dérobait
„Ce que je cherchais, ce que je veux“. —

Ces vers de Schiller seraient-ils une loi intellectuelle ? —

Nous pensons évidemment et de toute nécessité que la partie est moindre que le tout. Mais lorsque j'ai pensé une partie d'un tout et encore une partie de cette partie, il n'existe pas plus de loi inéluctable qui me force à continuer la recherche des dernières parties des parties, qu'il n'en existe qui m'oblige à rechercher les dernières causes des effets.

La recherche des dernières parties et l'axiome dépendent si peu l'un de l'autre, que si je puis conclure à l'existence

Theile schließen, mir dieselben aber ebensowenig vorstellen kann, wie es mir möglich ist, die unendliche Theilbarkeit bis in die Ewigkeit hin zu verfolgen.

Dazu kommt noch, daß das Ganze sowie dessen denkbare Theile mir gleich bekannt sind, die Ursache aber von gegebenen Wirkungen mir völlig unbekannt ist und bleibt.

Wäre der Satz, „keine Wirkung ohne Ursache", ein Gesetz des menschlichen Denkens im strengen Sinne des Wortes, so gäbe es kein bestimmtes menschliches Wissen.

Dieser Satz ist und kann kein Denkgesetz sein. Woher kommt aber der Schein von Evidenz und Nothwendigkeit, der demselben eigen ist?

Die Frage dünkt schwierig, doch ist die Antwort leicht.

Die scheinbare Nothwendigkeit des Kausalitätsgesetzes rührt ganz allein von jener Nothwendigkeit her die dem in seiner Tragweite viel ausgedehnteren Prinzipe des hinreichenden Grundes eigen ist, und ist mithin eine abgeleitete.

---

de parties infiniment petites, je ne puis cependant pas plus me les représenter que je ne puis éternellement poursuivre leur division.

Difficulté à laquelle il faut ajouter que le tout, aussi bien que les parties que je pense réellement, me sont connus, tandis que la cause véritable d'effets perçus me reste inconnue.

Si la proposition „point d'effet sans cause" était dans toute la rigueur du terme une loi intellectuelle, il n'existerait aucune science déterminée des choses.

La proposition n'est pas et ne peut pas être une loi intellectuelle. D'où peuvent donc provenir les apparences d'évidence et de nécessité qui lui sont propres?

La question paraît difficile, la réponse est aisée. L'apparence de nécessité que prend la loi de causalité provient uniquement de celle qui est propre au principe de la raison suffisante duquel elle dérive et dont le sens est beaucoup plus étendu.

Die scheinbare Evidenz des sogenannten Gesetzes aber
rührt daher daß es ein Zirkelschluß ist, was bei dem Prinzipe
des hinreichenden Grundes nicht der Fall ist.

Stellen wir das Leibnitz'sche Prinzip in seiner regelmä-
ßigen Form auf: Nichts besteht ohne hinreichenden Grund
daß es ist oder nicht ist, und drehen wir den Satz um, so
erhalten wir: Kein hinreichender Grund besteht daß etwas
ist oder nicht ist, der nicht ein hinreichender Grund wäre,
daß etwas ist oder nicht ist. Ein anderer Schluß ist nicht
möglich. Der Satz steht und bleibt fest.

Anders verhält es sich mit dem vermeintlichen Kausalitätsgesetze: keine Wirkung ohne Ursache. Drehen wir es
um, so erhalten wir einen scheinbar durchaus richtigen Satz:
keine Ursache ohne Wirkung, den wir uns aber in demselben Sinne wie den vorigen logisch nicht denken können,
denn wenn es im absoluten Sinne keine Wirkung ohne
Ursache gibt, so liegt die Ursache außer dem Bereiche alles
Erkannten. Wie können wir mithin behaupten, daß es keine

Quant à l'apparence d'évidence de la prétendue loi elle
provient simplement de ce qu'elle renferme un cercle vicieux,
ce qui n'est point le cas du principe de la raison suffisante.

Si nous exposons le principe de Leibnitz dans sa forme
régulière : rien n'existe sans une raison suffisante pourquoi
cela est ou n'est pas, nous pouvons en intervertir les termes :
il n'existe point de raison suffisante qui ne soit pas la raison suffisante de ce qui est ou n'est pas. La proposition
reste inébranlable et ne permet aucune autre conclusion.

Il n'en est pas de même de la prétendue loi de causalité :
point d'effet sans cause. Si nous en intervertissons les
termes, nous obtenons une proposition en apparence parfaitement juste : point de cause sans effet ; mais nous ne
pouvons pas la penser dans le même sens logique que la
précédente. Car si, dans le sens absolu, il n'y a point d'effet
sans cause, la cause se trouve en dehors du domaine de
tout ce qui nous est intelligible. Comment pouvons-nous
alors prétendre qu'il n'y a pas de cause sans effet, puisque

Urſache ohne Wirkung gäbe, da wir überhaupt zu keiner Erkenntniß einer wahren, reellen Urſache gelangen können, eben weil das Geſetz ein Denkgeſetz ſein ſoll? Und doch iſt es gewiß: Daß es keine Urſache geben kann, die ohne Wirkung wäre, — ſie wäre ja keine Urſache.

Offenbar iſt, daß wir es hier mit einem Sinn- und Wortſpiel zu thun haben, das ungefähr auf derſelben Täuſchung beruht wie wenn wir behaupten wollten: daß ein Schimmel ein weißes Pferd und ein weißes Pferd ein Schimmel iſt, wo der Sinn beider Ausdrücke ein und derſelbe iſt.

Wenn ich das Wort Wirkung ausſpreche, ſo iſt der Sinn von Urſache ſchon vollkommen in demſelben enthalten, und ebenſo liegt in dem Worte Urſache ſchon der Gedanke der Wirkung.

Daß aber der doppelte Inhalt beider Wörter, obwohl er auf ein Denkgeſetz ſchließen laſſen könnte, kein Denkgeſetz iſt, beruht abermals auf dem Prinzip des hinreichenden

---

nous ne pouvons pas parvenir à la science d'une cause véritable quelconque, précisément parce que la loi, comme loi intellectuelle, est absolue. Et cependant il est certain qu'il ne peut pas exister de cause sans effet, car alors elle ne serait pas une cause.

Nous nous trouvons évidemment en présence d'un jeu sur le sens et la portée des mots, qui donne à peu près la même illusion que provoquerait l'affirmation qu'une haquenée est un cheval qui marche à l'amble, et qu'un cheval qui marche à l'amble est une haquenée (le jeu de mots de l'allemand est intraduisible); affirmation dans laquelle la signification des termes est la même.

Lorsque je prononce le mot d'effet, le sens de celui de cause y est déjà entièrement contenu, et de même le mot de cause renferme le sens du mot effet.

Quant au double contenu des deux expressions, il provient également du principe de la raison suffisante; rien

Grundes: Nichts besteht ohne Grund daß es ist oder nicht ist, und so kann die Wirkung nicht bestehen, ohne daß ich die Ursache als deren Grund voraussetze, und die Ursache kann nicht bestehen ohne daß ich die Wirkung mir denke.

Der Vergleich des Schimmels und des weißen Pferdes mit dem Zirkelschlusse des vermeintlichen Kausalitätsgesetzes mag jedoch nicht ganz treffend erscheinen, weil bei den Wörtern, weißes Pferd und Schimmel, ein und dasselbe Ding gedacht wird und das bei dem Kausalitätsgesetze nicht der Fall ist, wo Ursache und Wirkung zwei verschiedene Objekte vorstellen. Unterschied, der allein daher rührt, daß im ersten Falle die Täuschung auf einem bloßen Wortspiel, im zweiten Falle nebenbei noch auf einem Sinnspiel beruht. Ersteres gibt sich kund durch zwei verschiedene Ausdrücke für ein und dasselbe Ding, und Letzteres durch zwei verschiedene Ausdrücke, die aber durch den doppelten Sinn den wir jedem derselben beilegen, ebenso genau dasselbe aussprechen

n'est sans raison suffisante que cela est ou n'est pas ; l'effet ne peut donc subsister sans que je lui suppose mentalement sa cause comme raison suffisante, et la cause ne peut exister sans que je ne pense également l'effet comme sa raison suffisante.

La comparaison de la haquenée et du cheval qui marche à l'amble avec le cercle vicieux de la prétendue loi de causalité peut cependant ne pas paraître concluante, parce que les expressions de haquenée et de cheval marchant à l'amble désignent un même objet, tandis que dans la loi de causalité on entend par cause et effet deux objets différents. Différence qui provient de cela seul que dans le premier cas l'illusion repose sur la portée des mots et dans le . second sur leur sens. Dans l'un, l'apparence de l'évidence dérive de ce que j'emploie deux expressions . pour désigner un même objet, dans l'autre de ce que les deux expressions supposent chacune deux objets; mais en les impliquant toutes deux de la même manière par

wie weißes Pferd und Schimmel. Wenn ich den Begriff Wirkung denke, so ist der Begriff eine Folge meines Denkens und setzt mithin mein Denken als dessen Ursache in meinem Bewußtsein voraus. Denke ich aber den Begriff Ursache so ist derselbe gerade so wie der Erstere eine Wirkung meines Denkens und Beide erscheinen nothwendigerweise in meinem Bewußtsein als sich gegenseitig bedingend, während dem sie in Wahrheit denselben Sinn der Begriffe von Wirkung und Ursache zu gleicher Zeit in sich schließen, ebenso wie die Wörter Schimmel und weißes Pferd ein und dasselbe Objekt bezeichnen. Wie das Wortspiel nur auf der Verschiedenheit der Ausdrücke beruht, so besteht das Sinnspiel allein in dem Unterschiede, ob ich zuerst den Begriff Wirkung oder zuerst den Begriff Ursache denke. Mache ich aber aus diesem ganz offenbaren Sinnspiel ein Denkgesetz so gestaltet es sich allsogleich zu einem regelrechten Zirkelschlusse, aus dem nicht mehr herauszukommen ist.

---

le double sens que nous attribuons à chacune, elles représentent le même jeu comme la haquenée et le cheval marchant à l'amble.

Lorsque je pense la notion *effet*, cette notion est un effet de ma pensée et présuppose par suite dans la conscience ma pensée comme sa cause; lorsque je pense la notion de *cause*, elle est absolument de la même manière que la précédente un effet de ma pensée, et toutes deux m'apparaissent nécessairement comme étant l'une la condition de l'autre, tandis qu'en vérité elles renferment en même temps les notions d'effet et de cause de la même manière que les expressions de haquenée et de cheval marchant à l'amble désignent un seul et même objet. De même que cette dernière proposition ne repose que sur la différence des expressions, la première ne dépend que de la seule différence de penser d'abord l'expression d'effet ou celle de cause. Si je fais maintenant de ce jeu si évident sur le sens des mots une loi intellectuelle, elle se transforme aussitôt en un cercle vicieux régulier dont il n'y a plus moyen de sortir.

Und verfolge ich das vermeintliche Gesetz und will sogar seine objektive Bedeutung feststellen, so erwachsen daraus nothwendiger Weise alle möglichen Widersprüche.

Leite ich den Begriff von meinen Sinnesempfindungen her, so gelange ich niemals zur Erkenntniß irgend einer wahren Ursache, denn die gedachte Ursache liegt nicht in meinen Sinnesempfindungen, welche mir nichts als ihre regelmäßige Folge aufeinander bieten, sondern entspringt aus meinem eigenen Denken.

Ziehe ich hingegen den Schluß, daß der Begriff von Ursache a priori'schen Ursprunges ist, so gelange ich nie zu irgend welcher vernünftigen Erklärung wie das möglich sei, denn der Begriff als solcher ist und bleibt doch nur eine Wirkung meines Denkens oder meines Handelns und stellt außer meinem Denken und meinem Handeln gar keinen Begriff irgend einer Ursache vor. In beiden Fällen bleibt der Zirkelschluß derselbe.

Durch mein Denken, durch mein Handeln oder meine Empfindungen bilde ich mir Begriffe von Wirkungen und Ursachen und mache ein Hauptgesetz aus denselben, nicht

En poursuivant la prétendue loi, pour en fixer la portée objective, toutes les contradictions imaginables en surgissent nécessairement.

Si je dérive l'idée de cause de mes sensations, je ne parviens jamais à l'intelligence d'une cause quelconque, parce que la cause pensée n'existe point dans les sensations qui ne m'offrent que leur succession régulière d'où ma pensée seule a détaché de prétendues causes.

Si je conclus au contraire que l'idée de cause est une idée *a priori*, je n'arrive point à en donner une explication tant soit peu raisonnable, car l'idée comme telle reste un effet de ma pensée et ne représente absolument aucune cause en dehors d'elle.

Dans les deux cas le cercle vicieux reste le même. Par ma pensée, mes actes et mes sensations je me forme des idées d'effets et de causes, et j'en fais une loi principale

daß ich irgend eine reelle Ursache von den Wirkungen er⸗
kannt hätte, sondern weil ich dieselbe nicht erkannt aber
die Begriffe einfach in die Folge der Erscheinungen gelegt
habe.

Der Zirkelschluß des Kausalitätsgesetzes tritt jedoch am
Auffallendsten hervor wenn man daßselbe in seinem objek⸗
tiven Sinne vollkommen als ein Denkgesetz auffaßt.

Das Gesetz sagt, keine Wirkung ohne Ursache, und da⸗
durch wird jede erkannte objektive Ursache nothwendiger
Weise nicht zur Ursache, sondern zur Wirkung, nicht nur
im subjektiven, sondern auch im objektiven Sinne, eben
weil der Satz als ein Denkgesetz aufgefaßt wird.

Alle äußeren Erscheinungen setzen ihre Ursachen voraus;
diese Ursachen jedoch sind wieder Erscheinungen und setzen
somit abermals neue Ursachen voraus; und so wird eine
und dieselbe Ursache, das Eis z. B. bei der Empfindung
von Kälte, Ursache und Wirkung zugleich. Das Eis ist die
Ursache der von uns empfundenen Kälte und daßselbe Eis

non point parce que j'aurais perçu la cause véritable de
ces effets, mais parce, que ne l'ayant pas perçue, j'impose
simplement mon idée de cause à une succession d'effets.
Mais le cercle vicieux de la loi de causalité se manifeste
d'une façon plus éclatante encore, lorsque je la conçois
dans sa portée objective, réellement comme une loi intellectuelle.

La loi dit: point d'effet sans cause; elle transforme donc
nécessairement toute cause objectivement reconnue en un
effet, et non seulement dans le sens objectif, mais encore
dans le sens subjectif, précisément parce que la proposition
est conçue comme une loi absolue.

Tout phénomène extérieur présuppose sa cause; cette
cause est à son tour un nouveau phénomène, qui présuppose la sienne; ainsi, la glace, par exemple. qui est la
cause de la sensation de froid qu'elle me fait éprouver,
devient effet et cause à la fois: la glace est la cause du
froid éprouvé, et la même glace est l'effet du même froid

ist wiederum eine Wirkung des durch die Kälte gefrorenen Wassers; so wird die erste Wirkung zur allgemeinen Ursache ihrer eigenen Ursache. Nichts kann aber zugleich Wirkung und nicht Wirkung, Ursache und nicht Ursache sein.

Verfolgen wir das vermeintliche Gesetz endlich in seinem objektiv-absoluten Sinne, so läßt dasselbe absolut keine Ursache, sogar nicht eine unendliche, ewige Ursache als für sich bestehend ohne innere Widersprüche gelten. Wie kann es überhaupt ein absolutes Wesen geben, welches die Ursache seiner selbst wäre, d. h. dessen Dasein als Wirkung die Ursache eben dieses Daseins wäre?

Entweder also ist das vermeintliche Denkgesetz kein Gesetz unseres Denkens, oder es gibt kein absolut Seiendes für unser Denken.

In was immer für einer Richtung wir auch das Kausalitätsgesetz untersuchen mögen: Ob im subjektiven oder objektiven, im absoluten oder relativen Sinne, es bleibt ein Zirkelschluß und führt auf Widersprüche.

qui a fait geler l'eau; le premier effet, la sensation éprouvée, devient la cause générale de sa propre cause. Rien ne peut cependant être à la fois effet et non effet, cause et non cause.

Si nous poursuivons davantage encore la prétendue loi jusque dans son sens objectif, absolu, alors les mêmes contradictions se dévoilent jusque dans l'existence d'une cause infinie, absolue, éternelle. Comment un être absolu qui est la cause de lui-même, c'est-à-dire dont l'existence est l'effet de la cause qui est précisément cette existence, peut-il en général exister?

Ou bien la prétendue loi intellectuelle n'est pas une loi, ou bien il n'existe point d'être absolu pour notre intelligence.

Dans quelque sens que nous examinions la loi de causalité, dans le sens objectif ou subjectif, relatif ou absolu, elle reste un cercle vicieux et conduit à des contradictions.

III.

Das Kausalitätsgesetz in der Geschichte der Philosophie der letzten drei Jahrhunderte.

Um aus dem Zirkelschluß herauszutreten blieb der Philosophie nichts anderes zu thun übrig als logisch treu die Ursache als von der Wirkung immer verschieden aufzufassen und darzustellen. Mag der Zirkelschluß bewußt oder unbewußt im Geiste bestehen, sobald das Gesetz angewendet und immer streng in demselben Sinne gedacht wird, so hört scheinbar wenigstens der Zirkelschluß auf, besonders in den dogmatischen philosophischen Systemen die bis in die ersten Prinzipien unserer Erkenntniß oder die letzten Gründe der Dinge bringen, und dieses Verfahren erscheint dann zweifellos richtig, weil außerhalb der ersten angenommenen Prinzipien und der letzten Ursachen es schwer möglich ist noch nach andern Ursachen oder andern Prinzipien zu forschen.

So oft dieses aber gethan ward, und bei den neueren

III.

LA LOI DE CAUSALITÉ DANS L'HISTOIRE DE LA PHILOSOPHIE DES DERNIERS TROIS SIÈCLES.

Pour sortir du cercle vicieux, il ne resta d'autre issue à la philosophie que de considérer toujours et rigoureusement la cause comme étant différente de l'effet. Que les philosophes aient ou n'aient point conscience du cercle vicieux, du moment qu'ils appliquent la loi toujours dans un seul sens et avec une égale rigueur, le cercle vicieux s'efface en apparence ; surtout dans les systèmes de philosophie dogmatique qui des premiers principes pénètrent jusqu'aux dernières raisons des choses; façon de procéder qui paraît d'autant plus logique au vulgaire, qu'en dehors des premiers principes et des dernières causes il lui est difficile de scruter encore après d'autres effets et d'autres causes.

Chaque fois, au contraire, que l'on se donnait la peine de chercher après d'autres principes premiers et d'autres

Denkern war es regelmäßig der Fall, stürzte das System zusammen.

Baco glaubt die Ursachen aller zusammengesetzten Dinge seien die einfachen Naturen wie Hitze und Kälte, Dichtigkeit und Flüssigkeit u. s. w. und forscht nach der Methode und den Regeln um diese Naturen zu erkennen und in ihren Eigenschaften zu bestimmen. Hätte er dieselben nicht als für bestehend, d. h. als Ursache betrachtet, so hätte er gewiß durch seine Regeln und seine Methode die Erfahrungswissenschaften auf eine sichere Bahn geleitet, denn in der Natur bestehen jene einfachen Naturen als für sich bestehende Ursachen in keiner Weise. Sie sind im Gegentheil nur allgemeine und resultirende Wirkungen zusammengesetzter Körper, statt wie Baco meint, deren Ursache zu sein.

Cartesius dagegen gründet alle Wahrheit auf die einfachen Begriffe, und diese einfachen Begriffe weit entfernt einfach zu sein, sind ebenso wie die Naturen Baco's mehrfach zusammengesetzte Erscheinungen, sowie das cogito ergo

---

causes dernières, et les penseurs modernes le firent régulièrement, les systèmes s'écroulèrent sur eux-mêmes.

Bacon crut que les causes des êtres complexes et composés étaient les natures simples telles que la chaleur, le froid, la densité, la fluidité, et chercha par suite à établir la méthode et les règles d'après lesquelles on pourrait parvenir à la connaissance de ces natures simples et de leurs propriétés. S'il ne les avait point considérées comme existant par elles-mêmes, c. a. d. comme des causes, il aurait certainement tracé des voies plus certaines aux sciences expérimentales, car dans la nature ces natures simples ne subsistent en aucune façon par elles-mêmes. Elles n'y sont que des effets généraux qui résultent précisément de la nature des corps composés, loin d'en être les causes comme se l'imaginait Bacon.

Descartes de son côté fonda la science et la certitude sur les idées simples, et ces idées au lieu d'être simples sont, comme les natures de Bacon, des phénomènes multiples, complexes. Le *cogito ergo sum* est un effet de l'en-

sum eine Wirkung meines gesammten Denkens, der Begriff Gottes aus allen abstraktabsoluten Begriffen zusammengesetzt ist, und die Begriffe von Ausdehnung und Bewegung von allen unseren möglichen Sinneserscheinungen abhangen.

Und Locke, um die sogenannten einfachen Begriffe erklären zu können, kam auch richtig auf die Sinneserscheinungen zurück; anstatt aber nach dem Prinzipe des hinreichenden Grundes diese Erklärung zu suchen, fährt er fort die einen als die Ursache, die anderen als die Wirkung zu betrachten, und kommt somit auch auf den regelrechten Zirkelschluß zurück: daß wenn die einfachen Begriffe aus den Sinneserscheinungen hervorgehen, sie trotzdem die Ursache aller wissenschaftlichen Erkenntniß und festen Ueberzeugung sind.

Gleich jenen Philosophen, forscht auch Spinoza nach der höchsten Ursache und entdeckt den Begriff von Substanz. Aber so wie Ursache und Wirkung für ihn verschieden sind, so bleibt für ihn die absolute Substanz auch von ihren Erscheinungen verschieden und sein ganzes System unerklärt.

semble des phénomènes de ma pensée, l'idée de Dieu est formée de toutes les notions abstraites et absolues, et les idées de l'étendue et du mouvement résultent de toutes nos sensations possibles.

Aussi Locke finit-il, comme de juste, par vouloir expliquer les prétendues idées simples par nos sensations. Mais loin de chercher leur raison suffisante et leur explication, il continue à concevoir les unes comme les causes, les autres comme les effets, et revient ainsi au même cercle vicieux, que les idées simples, tout en provenant de nos sensations, n'en sont pas moins la cause de toute science et certitude scientifique.

Spinoza, à son tour, recherche la cause première et découvre l'idée de substance; mais la cause et les effets restant distincts dans sa pensée, la substance absolue demeure pour lui différente de ses phénomènes et tout son système inexplicable.

Sogar Leibnitz, der Erste, der das Prinzip des hin=
reichenden Grundes in seiner ganzen Bedeutung auf=
gestellt und erkannt hat, sucht, wenn er philosophische
Forschungen macht, nach den höchsten Ursachen und denkt
dem Kausalitätsgesetz gemäß, dieselben ohne Zusammen=
hang mit ihren Wirkungen. So gelangt er ganz logisch zu
seiner preestablirten Harmonie und seiner Lehre der Mo=
nade weil er das unausgedehnte Ich und dessen Wirkung auf
die ausgedehnten Organe des Körpers in kein Kausalver=
hältniß bringen kann.

Hume untersucht mit merkwürdiger Schärfe auf welche
Weise unsere Sinnesempfindungen uns den Begriff von
Ursache geben können, legt aber immer seinen vorgefaßten
Begriff in die Sinneserscheinungen hinein, und zieht den=
selben auch als solchen wieder heraus; dadurch aber daß
die Folge der Erscheinungen ihm niemals eine Ursache
vorführt, erscheint derselbe ihm ganz und gar Inhalts=
leer.

Das Gegentheil macht Kant. Indem er als *a prio-*

Leibnitz lui-même, qui a cependant reconnu et déterminé la portée entière du principe de la raison suffisante,
lorsqu'il fit ses recherches philosophiques, revint à la loi
de causalité et se figura d'après elle que les causes suprêmes
se trouvent sans liaison avec leurs effets. Aussi conclua-t-il
logiquement à l'existence d'une harmonie préétablie et à la
monade, parce qu'il lui fut impossible de concevoir un
rapport de causalité quelconque entre le moi inétendu et
les organes étendus du corps.

Hume analyse avec une sagacité merveilleuse la façon
suivant laquelle nos sensations nous conduisent à l'idée de
cause, mais il replace toujours son idée préconçue dans les
sensations elles-mêmes, et l'en retire naturellement complètement vide et sans consistance, parce que la succession de
ses sensations ne lui révèle jamais un rapport de causalité
réelle.

Kant fait le contraire. Il suppose qu'il existe une idée

r⸗ſchen Begriff die Urſache vorausſetzt, zieht er die Folge
der Erſcheinungen in den Begriff hinein, und ſchließt in
einem ebenſo regelrechten Kreiſe wie Hume auf die Nothwendigkeit der Folge der Erſcheinungen nach einer Regel,
weil man ſich keine Wirkung ohne deren Folge auf eine
Urſache denken kann u. ſ. w. — Und wenn wir allen zu
einiger Berühmtheit gelangten Philoſophen folgen, ſo
begegnen wir bei dem Erſten wie bei dem Letzten dieſelbe
intellectuelle Erſcheinung.

Stuart Mill in ſeinen berühmt gewordenen Regeln der
Entdeckung der Urſachen verirrt ſich ſchon in ſeiner erſten
allgemeinen Erklärung: er unterſcheidet die Urſache A von
der Wirkung a, erkennt einen Zuſammenhang zwiſchen beiden, trennt ſie jedoch durch die Benennung ſelbſt von einander
und begeht ſomit denſelben Irrthum wie Hume und Kant.

Schopenhauer unterſcheidet wohl das Kauſalitätsgeſetz
von dem Prinzip des hinreichenden Grundes und forſcht
nach der vierfachen Wurzel des letzteren; er entdeckt den

---

a priori de cause, et impose par suite son idée à la succession des phénomènes, en concluant, dans un cercle aussi
régulier que celui de Hume, à la succession des phénomènes suivant une règle, parce qu'il est impossible de s'imaginer l'existence d'un effet sans qu'il succède à une cause.

Si nous continuions cette analyse en l'appliquant à tous
les philosophes qui depuis Kant ont acquis quelque renommée,
nous verrions leurs doctrines présenter le même caractère,
chez les premiers comme chez les derniers.

Parmi ceux-ci Stuart Mill, dans ses fameuses règles de
la découverte des causes, s'égare au point que, dans le
premier exemple qu'il en donne, il distingue la cause *A* de
son effet *a*, se met logiquement dans l'impossibilité de découvrir aucune liaison entre eux, et tombe par suite dans la
même erreur que Hume et Kant.

Schopenhauer distingue bien la loi de causalité du principe de la raison suffisante et recherche la quadruple racine
de ce dernier. Il découvre la volonté, et derrière la volonté

Willen geleitet durch die Kraft; fragt man ihn aber wie Wille und Kraft übereinstimmen und übereinstimmen können, so dreht er die Frage um und führt die Kraft auf den Willen zurück.

Herbert Spencer, der von Kants Antinomien ausgeht und nicht erkennt daß sie nichts anderes als widersprechende Zirkelschlüsse sind, glaubt in ihren aufsteigenden Wirbeln zu entdecken daß in der Welt alles evolutionnirt. Fragt man ihn aber: was denn eigentlich evolutionnirt? so kommt er nothwendiger Weise auf Kants Antinomien zurück.

Und auch alle Antworten welche der Akademie in Erwiederung auf die gestellte Preisfrage zugesandt werden, falls dieselben sich genau an diese gehalten, können nur Zirkelschlüsse sein, denn nothwendiger Weise werden ihre Verfasser die Lösung durch die Frage selbst geben, da sowohl der Sinn der Frage als die Natur des vermeintlichen Gesetzes sie dazu zwingt.

---

la force; mais si on lui demande quel accord peut exister entre la volonté et la force, il retourne la question et ramène la force à la volonté.

Herbert Spencer procède des antinomies de Kant, et, sans comprendre que ces antinomies ne sont que des cercles vicieux opposés les uns aux autres, il s'imagine découvrir en eux une spirale vertigineuse et affirme que tout dans le monde évolutionne. Mais si on lui demande ce qui évolutionne en réalité, il revient nécessairement aux antinomies de Kant.

De même, toutes les réponses que l'Académie recevra à sa question, et qui s'y tiendront rigoureusement, ne seront que des cercles vicieux. Leurs auteurs ne pourront leur donner les apparences d'une solution qu'en retournant simplement et forcément la question. Non seulement la forme que l'Académie a donnée à sa question, mais encore la nature de la prétendue loi les y obligent.

Die Akademie erklärt „als ein wesentliches Hilfsmittel zur Beantwortung ihrer Frage die geschichtliche Zusammenstellung und philosophische Kritik der Antworten, welche auf dieselbe und in der für diese Untersuchung vorzugsweise in Betracht kommende neuere Philosophie gegeben worden sind;" — und „die Akademie wünscht die Darstellung und Prüfung der Theorieen über den Ursprung, den Sinn und die Geltung des Kausalitätsgesetzes, welche auf die wissenschaftliche Entwickelung der letzten drei Jahrhunderte Einfluß gewonnen haben". Keine der Theorieen aber, jene des Leibnitz nicht ausgenommen, hat irgend welchen Einfluß auf die Entwickelung der Wissenschaft der letzten drei Jahrhunderte gewonnen noch gewinnen können, und zwar aus dem einfachen Grunde, daß in allen neueren philosophischen Theorieen die Ursache als von der Wirkung verschieden aufgefaßt wird, hingegen nicht eine einzige Ursache in Folge der wissenschaftlichen Fortschritte, sondern, wie wir bald sehen werden, nur die bloße Uebereinstimmung gegebener Erscheinungen untereinander entdeckt worden ist.

L'Académie déclare que l'exposé historique et la critique philosophique des réponses qui ont été faites à sa question par la philosophie moderne, lui semblent une condition essentielle de sa solution; et elle exprime le désir formel de recevoir un exposé et une analyse des théories qui par l'origine, le sens et la portée qu'elles ont attribués à la loi de causalité, ont exercé une influence sur le développement scientifique des trois derniers siècles.

Or, aucune de ces théories, même celle de Leibnitz, n'ont exercé et n'ont pu exercer la moindre influence sur le développement scientifique des derniers trois siècles par la simple raison que dans toutes les théories de la philosophie moderne la cause est considérée comme étant différente de l'effet, tandis que dans tous les progrès qui ont été accomplis par les sciences aucune cause n'a été découverte, mais seulement, ainsi que nous nous en assurerons bientôt, les accords de phénomènes inconnus.

Allen Jenen nun, welche die Preisfrage zu lösen versuchen und sich streng an die gestellte Frage halten wollen, bleibt nolens volens nichts anderes zu thun übrig, als die Frage selbst in die Antwort hineinzuzwängen, — mittels künstlicher Umschreibungen wird das nicht so schwer sein — indem man Wirkungen als Ursachen darstellt oder Ursachen als Wirkungen geltend macht deren eigentlicher Sinn in dem Nebel der nicht erkannten Gründe oder in dem Fluß der Rede, der Zahl der Beispiele oder dem Reichthum der Bilder um so leichter entgeht, als uns die neuere Philosophie an jenen falschen Schluß gewöhnt hat.

Hat hingegen die historisch philosophische Classe der Akademie unter dem Worte „Kausalitätsgesetz" das Prinzip des hinreichenden Grundes verstanden, und die Preisfrage, die zu Ehren des Jahrestages von Leibnitz ausgeschrieben ist, läßt es vermuthen, so steht die Frage unumstößlich wie eine Mauer wo jeder Stein an dem andern festhält; alle Sophismen und Täuschungen verschwinden.

Tous ceux donc qui chercheront à résoudre la question, en s'y tenant consciencieusement, n'auront d'autre ressource que de répondre malgré eux à la question par la question. Ce qui ne sera guère difficile; par des périphrases on fait si facilement apparaitre les effets pour des causes et les causes pour des effets, et dans le brouillard des raisons inconnues, le flux de la parole, le nombre des exemples, l'abondance des images, leur sens réel échappent d'autant plus sûrement que la philosophie moderne nous a plus habitués à considérer les causes comme essentiellement différentes de leurs effets.

Si, au contraire, l'Académie a entendu par la loi de causalité le principe de la raison suffisante tel qu'il fut formulé par Leibnitz, et la mise au concours de la question pour la séance de l'anniversaire du grand penseur le fait supposer, alors la question de l'Académie se tient comme une muraille, chaque pierre se trouve fixée à l'autre, tous les sophismes, toutes les illusions disparaissent.

Welche sind die Gründe des Ursprunges, des Sinnes und der Bedeutung des Prinzipes des hinreichenden Grundes die dem menschlichen Geiste genügend erscheinen, und während der letzten drei Jahrhunderte in der Wissenschaft ihre Anwendung gefunden haben?

Ist die gestellte Frage in dieser Weise aufgefaßt, so besteht in ihr weder Zirkelschluß noch Sinn noch Wortspiel. Schillers „Pilgrimm" kann uns nicht mehr als Beispiel dafür dienen. Jedes Wort bewahrt seine volle Bedeutung, keiner der Ausdrücke setzt in seiner Tragweite einen andern Ausdruck voraus noch schließt denselben zugleich in sich ein; es bilden sich keine Antinomien durch entgegengesetzte Auffassungen und das Ganze löst sich nicht in endlose Widersprüche auf.

Die ächt wissenschaftlichen Fragen kennzeichnen sich alle durch ein und denselben Charakter; man kann sie stellen wie man will, nach allen Richtungen hin drehen, jedes der Worte behält seine bestimmte Bedeutung und die Frage selbst bewährt ihren wissenschaftlichen Charakter, weil die

---

Quelle est la théorie de l'origine, du sens et de la portée du principe de la raison suffisante qui répond en réalité à l'esprit humain, et qui a été appliquée dans le développement scientifique des trois derniers siècles?

Sous cette forme la question ne renferme ni cercle vicieux, ni jeu sur le sens et la portée des mots.

Les vers du „Pèlerin" de Schiller ne peuvent plus lui servir de commentaire. Chaque expression conserve sa signification entière, l'une ne présuppose pas l'autre et ne l'implique pas en même temps, aucune antinomie n'en surgit, et son application ne se résoud pas en des contradictions interminables.

Toutes les questions vraiment scientifiques se distinguent par le même caractère. On peut les retourner à volonté, chaque expression conserve sa signification propre; elle reste scientifique parce que les causes n'y apparaissent

Wissenschaft nicht nach Ursachen forscht die als von den Wirkungen verschieden und zugleich als von ihnen nicht verschieden gedacht werden können; denn nothwendiger Weise würden dieselben jeden Anspruch auf einen wissenschaftlichen Werth verlieren, da die Wissenschaft in Folge des Prinzipes des hinreichenden Grundes die Erscheinungen als solche erforscht, und den Grund warum sie sind wie sie sind, nicht außer ihnen, sondern in ihnen zu entdecken sucht.

IV.
Antwort auf Frage Zwei.

Der Grund, warum wir die Wirkung nicht ohne die Ursache, und diese nicht ohne jene denken können, liegt in der Natur des Leibnitz'schen Prinzipes, das somit auch die Antwort auf die ganze Frage in sich schließt.

Leibnitz sagt: Nos raisonnements sont fondés sur deux grands principes: celui de la *contradiction* en vertu duquel nous jugeons faux ce qui en enveloppe, et vrai ce qui est opposé au contradictoire; et celui de la raison suffisante, en vertu duquel nous considérons qu'aucun fait ne saurait se trouver vrai ou existant, aucune énonciation véritable, sans qu'il

pas tantôt comme étant, tantôt comme n'étant pas différentes de leurs effets. Conformément au principe de la raison suffisante, la vraie science étudie les phénomènes comme tels et découvre en eux-mêmes, non pas des causes qui en sont différentes, ce qui est un non-sens, mais la raison pour laquelle ils sont tels qu'ils sont et non autrement.

IV.
RÉPONSE A LA DEUXIÈME QUESTION.

La raison pour laquelle nous ne pouvons penser l'effet sans la cause, ni celle-ci sans l'effet, tient à la nature du principe de Leibnitz; celui-ci renferme donc la solution de l'ensemble de la question.

Leibnitz dit: — *Voir ci-dessus la citation française.* —

y ait une raison suffisante pourquoi il en soit ainsi et non pas autrement, quoique ces raisons le plus souvent ne puissent pas nous être connues.

Au einer andern Stelle seiner Essais entwickelt er seinen Gedanken noch weiter: „Quand même les principes les mieux établis ne seraient pas connus, ils ne laisseraient pas d'être innés parce qu'on les reconnait dès qu'on les a entendus. Mais j'ajouterai encore que dans le fond tout le monde les connait, et qu'on se sert à tout moment du principe de contradiction, par exemple, sans le regarder distinctement. Il n'y a point de barbare qui, dans une affaire qu'il trouve sérieuse, ne soit choqué d'un menteur qui se contredit". [1]

Sehr schade, daß Leibniz, nachdem er das Prinzip des Widerspruches uns in so befriedigender Weise erklärt hat, für das Prinzip des hinreichenden Grundes einen nicht ebenso genügenden Aufschluß gibt.

Sogar den Barbaren, sagt Leibniz, empört die Lüge. Und diese Thatsache können wir uns dadurch erklären, daß das instinktive Bewußtsein der nothwendigen Uebereinstimmung unseres Denkens mit sich selbst, dem Menschen so eigen ist, daß die Verletzung dieses Bewußtseins durch eine Lüge ihn außer Fassung bringt. Das Bestehen dieses in-

---

Quel dommage que Leibnitz, après nous avoir expliqué d'une manière aussi satisfaisante le principe de contradiction, ne nous explique pas de même le principe de la raison suffisante.

Même le barbare, dit Leibnitz, se révolte contre le mensonge. Fait que nous ne pouvons expliquer que par la conscience instinctive que nous possédons de la nécessité de l'accord de notre pensée avec elle-même, conscience qui est à tel point propre à l'homme que sa violation par un mensonge le met hors de lui. Cette conscience instinc-

---

[1] Nouveaux Essais sur l'Entendement, livre I, § 4.

ſtinktiven Bewußtſeins iſt mithin die erſte Bedingung der
Erkenntniß alles Wahren und alles Unwahren, und der
Leibnitz'ſche Satz des Widerſpruches iſt und bleibt die Grund-
bedingung aller Erkenntniß.

Unterſuchen wir unſere verſchiedenen Begriffe, ſo gewahren
wir daß die einen, wie die mathematiſchen z. B. untereinander vollkommen übereinſtimmen; andere hingegen, obgleich
ſie uns gleichfalls in ihrem innigen Zuſammenhange that-
ſächlich gegeben ſind, bei Weitem nicht dieſelbe vollſtändige
Uebereinſtimmung untereinander haben. So z. B. Nacht
und Schwarz — Licht und Tag; denn es gibt außer der
Nacht noch andere Erſcheinungen die ſchwarz ſind, wie es
außer dem Tag noch andere gibt die leuchten. Wir bemer-
ken ſogar daß Begriffe, welche weit entfernt uns in irgend
einem thatſächlichen Zuſammenhange gegeben zu ſein, als
ſich entgegengeſetzt erſcheinen: wie Geſundheit und Krankheit, Leben und Tod u. ſ. w.

Es gibt ſomit in unſerer Begriffswelt, von dem Bewußt-
ſein der vollkommenen Uebereinſtimmung mathematiſcher

tive est par suite la première condition de la certitude de
toute vérité et de toute erreur, et la formule de Leibnitz
du principe de contradiction est et reste la condition fondamentale de la science.

Or, si nous examinons nos différentes idées, nous observons que les unes, telles que les idées des mathématiques,
s'accordent parfaitement entre elles, tandis que d'autres
sont loin de s'accorder de la même manière, quoique de
fait elles soient conçues comme intimement liées les unes
aux autres; la nuit et le noir, par exemple, la lumière
et le jour. En dehors de la nuit il y a encore autre chose
que nous appelons noir, et il n'y a pas seulement le jour
qui soit lumineux. Nous découvrons même des idées qui
loin d'être conçues comme étant liées entre elles se trouvent
au contraire opposées, telles que la santé et la maladie,
la vie et la mort etc.

Il existe donc de nombreux degrés dans l'échelle de nos
connaissances, depuis la conscience que nous possédons de

Begriffe untereinander, bis zur Empörung die die Lüge hervorruft, Abstufungen der verschiedensten Art.

Wäre dieses höhere und allgemeine Bedürfniß unseres Erkenntnißvermögens etwa der Ursprung des Prinzipes des hinreichenden Grundes?

Die Frage kann auch auf eine andere noch faßlichere Weise gestellt werden: Wie ist es überhaupt möglich, daß der Mensch seines Nichtwissens sich bewußt sein kann? Wie können wir wissen daß wir nicht wissen?

Was wir nicht wissen, können wir nicht denken, und dennoch ist sich der Mensch bei einer großen Anzahl von Dingen, die er sich vorstellt, seines Nichtwissens bewußt. Er denkt mithin was er nicht weiß, also eigentlich was zu denken ihm nicht möglich sein sollte.

Es empört sogar den Barbaren, sagt Leibniz, wenn er erkennt daß das was er gehört, mit dem Ausgesagten oder dem was er weiß, nicht übereinstimmt. Gerathen wir bei den meisten Dingen die wir glauben und kennen, nicht auf

l'accord parfait des idées mathématiques entre elles jusqu'à l'indignation que provoque le mensonge.

Cette conscience supérieure et générale de notre faculté de penser serait-elle la source du principe de la raison suffisante?

On peut donner à la question une autre forme plus saisissante. Comment l'homme peut-il avoir conscience de son ignorance? Comment pouvons-nous savoir que nous ne savons pas?

Nous ne pouvons penser les choses que nous ignorons et cependant dans un grand nombre de cas l'homme a la conscience de son ignorance. Il pense par suite quelque chose qu'il ne sait pas, quelque chose qu'il ne pense pas en réalité.

Même le barbare s'indigne lorsqu'une affirmation ne s'accorde pas avec ce qu'on lui assure ou avec ce qu'il sait. Ne nous heurtons-nous pas dans la plupart de nos croyances et connaissances contre de semblables contra-

ähnliche Widersprüche? Wie stimmen Irrthum und Wahrheit, Gesundheit und Krankheit, Glück und Elend 2c. miteinander überein? Gegensätze, die uns gewiß von größerem Interesse sind wie eine Lüge?

In der Mathematik denken wir keinen Augenblick daran uns zu fragen, warum denn gleiche Größen gleiche Summen bilden, warum zwei und zwei vier, warum die drei Winkel eines Dreiecks gleich zwei Rechten sind? Die verschiedenen Begriffe stimmen vollkommen überein.

Somit nimmt die Antwort auf die Frage: Warum die Menschen sich ihres Nichtwissens bewußt sind, ihren Ursprung darin, daß wir die in ihrem Zusammenhange gegebenen Erscheinungen nicht in ihrer vollkommenen Uebereinstimmung uns erklären können, obwohl es dem angeborenen Bedürfnisse unseres Denkens gemäß nothwendig wäre.

Das Prinzip des hinreichenden Grundes hat keinen anderen Sinn noch Ursprung. Es ist der Ausdruck unseres Bewußtseins, daß Alles was wir in seinem Zusammenhange

---

dictions? Comment s'accordent l'erreur et la vérité, la santé et la maladie, le bonheur et le malheur? oppositions qui présentent cependant un intérêt plus considérable que celui d'un mensonge.

Dans les mathématiques nous ne songeons pas un instant à nous demander pourquoi des quantités égales forment des sommes égales, pourquoi deux et deux font quatre, pourquoi les angles du triangle valent deux droits? — Les données dans ces questions s'accordent parfaitement entre elles.

Dans toutes les autres questions au contraire dont l'homme conçoit les données comme étant en liaison entre elles, sans pouvoir concevoir leur accord parfait, il éprouve forcément le sentiment de son ignorance, sa pensée n'est point satisfaite.

Le principe de la raison suffisante n'a point d'autres origine ni d'autre sens.

C'est l'expression de la conscience que nous avons que

denken und empfinden können, nothwendiger Weise miteinander übereinstimmt.

Daher des Menschen rastloses Forschen und Trachten und Fragen. So lange er nicht klar einsieht, daß die in Zusammenhang gegebenen Begriffe untereinander vollkommen übereinstimmen, sucht er nach anderen Begriffen die deren Uebereinstimmung geben und erklären können. Mit anderen Worten: er sucht nach hinreichenden Gründen, warum die Begriffe die er erfaßt oder die Erscheinungen die er erkannt hat, so sind wie sie sind. Glaubt er die Uebereinstimmung derselben einzusehen, so findet sein Geist Befriedigung, hat er dieselbe durchaus und vollkommen erkannt, so hört sein Forschen nach den hinreichenden Gründen auf und er ist überzeugt.

Untersuchen, warum zwei und zwei vier sind, ist ein Unsinn, denn solches Forschen artet nothwendiger Weise in einfache Umschreibungen aus.

Die Tragweite des Prinzipes des hinreichenden Grundes ersehen wir aus dem Gesagten. Das Prinzip ist der Aus-

---

tout ce que nous pensons comme étant en rapport entre soi se trouve nécessairement aussi en accord.

D'où les recherches, les questions, les efforts continuels de l'homme. Tant qu'il ne conçoit pas les nombreuses données de son intelligence comme se trouvant dans un accord parfait entre elles, il ne cesse de rechercher d'autres données qui peuvent lui expliquer cet accord.

Il cherche, en d'autres termes, après des raisons suffisantes pourquoi les idées qu'il possède ou les phénomènes qu'il connait sont tels qu'ils sont. S'il croit avoir reconnu leur accord entre eux, son esprit est satisfait; en a-t-il reconnu l'accord parfait, sa recherche après d'autres raisons cesse, son esprit est *convaincu*.

Rechercher pourquoi deux et deux font quatre est un non-sens, car cette recherche dégénère forcément en une vaine tautologie.

Le sens du principe de la raison suffisante dérive de ce que nous venons d'établir. Le principe est l'expression de

bruck des Bewußtseins einer nothwendigen Uebereinstimmung
der in ihrem Zusammenhange gegebenen Erscheinungen der
äußeren und inneren Welt und des daraus entstehenden
Strebens sich Begriffe zu bilden oder Erscheinungen zu
finden, die diesen Zusammenhang erklären oder in seiner
Uebereinstimmung zu erkennen geben.

Daher die Bedeutung des Prinzipes des hinreichenden
Grundes, der uns über die Uebereinstimmung gegebener
Begriffe um so weniger belehrt als wir unbewußter nach
jener Uebereinstimmung forschen.

Erscheinungen, die wir nicht gedacht haben, können wir
nicht ergründen wollen, ebenso wenig wie solche die uns
ohne allen Zusammenhang gegeben sind: warum z. B. eine
grade Linie kein Ton ist, ein Ton keine Farbe, u. s. w.
Hingegen sind die Gründe die wir erkennen oder zu erkennen
glauben, und auch die Fragen die wir stellen können,
endlos in Form und Inhalt.

---

la conscience d'un accord nécessaire des phénomènes du
monde extérieur comme des phénomènes du monde intellectuel, et de la tendance qui en résulte de rechercher des
idées ou de découvrir des phénomènes qui nous permettent
de reconnaître l'accord de tous ceux que nous concevons
comme simplement liés entre eux.

D'où encore sa portée. Le principe de la raison suffisante
auquel nous obéissons d'une manière toute instinctive nous
enseigne d'autant moins l'accord des données de notre intelligence que nous lui obéissons avec plus d'irréflexion.

Nous ne pouvons pas plus songer à vouloir approfondir
des phénomènes que nous ne pensons pas, qu'à chercher
à découvrir l'accord de données que nous ne concevons
point comme étant en liaison entre elles: pourquoi, par
exemple, une ligne est un son, un son une couleur?

Les raisons, par contre, que nous pouvons reconnaître
ou croire distinguer de toutes les données que nous concevons en liaison entre elles, ainsi que les questions que
nous pouvons nous faire à leur sujet sont aussi infinies par
leurs formes que par leur contenu.

Welche Uebereinstimmung kann zwischen dem gedachten Sein und dem reel Seienden bestehen, zwischen dem gedachten Raum und der wahren Ausdehnung, der Dauer und der ewigen Zeit, zwischen der Substanz und ihren Eigenschaften? Welche Uebereinstimmung besteht zwischen einem Begriffe und seinem Objekte, der verschiedenen Objekte untereinander, und jedes Objektes mit sich selbst, zwischen seinen äußeren Erscheinungen, seinem inneren Wesen u. s. w., u. s. w. Die bedeutenden Fortschritte, welche die Wissenschaft während der letzten drei Jahrhunderte gemacht hat, man mag dieselben auffassen wie immer man will, sind und bleiben schließlich die Erkenntniß der Uebereinstimmung verschiedener Erscheinungen untereinander: der verschiedenen Farben mit dem Lichte, der dichten und leichten Körper mit ihrer Schwere, der vielfältigen Bewegungen der Gestirne mit ihrer Gravitation, der Kälte und Hitze der Körper mit ihren Verbindungen.

Die von der Wissenschaft erkannten Uebereinstimmungen waren und blieben allzeit die Gründe der gegebenen Erscheinungen und als solche nur allgemeinere Erscheinungen

---

Quel accord peut-il exister entre l'être idéal et l'être réel, entre l'espace pensé et l'étendue véritable, la durée vraie et l'éternité, entre la substance et ses qualités? Quel accord existe-t-il entre l'idée et son objet, entre les divers objets, entre leur être en soi et leurs qualités sensibles, etc.

Tous les progrès que les sciences ont accomplis dans les trois derniers siècles, qu'on les envisage de toute façon, ne sont que la connaissance que nous avons acquise de l'accord de différents phénomènes entre eux, des différentes couleurs avec la lumière, des corps lourds et légers avec leur pesanteur, des mouvements multiples des astres avec les lois de leur gravitation, du froid et de la chaleur des corps avec leurs combinaisons.

Quant aux accords que la science dans ces progrès a reconnus, ils sont et restent les raisons de phénomènes

der Dinge. Ursachen hat die Wissenschaft keine einzige entdeckt.

Jede gedachte Uebereinstimmung verschiedener Begriffe oder Erscheinungen wird zum Grunde der gegebenen Erscheinungen oder Begriffe, mögen dieselben auch noch so unvollkommen erkannt, ja sogar nur ein bloßes Erzeugniß unserer Einbildungskraft sein.

V.
Wirkung, Ursache und Grund.

Der Begriff von Wirkung und der Begriff von Ursache sind, sowie das aus ihnen hervorgegangene Denkgesetz, eines der merkwürdigsten Beispiele einer unvollkommen erkannten Uebereinstimmung unserer Begriffe untereinander.

Die unzulängliche Uebereinstimmung die wir sowohl an unseren Begriffen als an den äußeren Erscheinungen wahrnehmen, treibt uns an, eben weil wir denken, nach einer höheren Uebereinstimmung zu forschen, fest überzeugt, daß

---

particuliers, et comme tels des phénomènes simplement plus généraux. La science n'a pas découvert *une seule cause.*

Chaque accord pensé entre des idées ou des phénomènes divers se transforme aussitôt en une raison de ces idées ou de ces phénomènes, quand même l'accord n'aurait été reconnu que d'une façon très-incomplète ou ne serait qu'un produit pur de notre imagination.

V.
EFFET, CAUSE ET RAISON.

Les idées d'effet et de cause ainsi que la prétendue loi qu'on en a dérivée sont un des exemples les plus remarquables de l'intelligence incomplète de l'accord de nos idées entre elles.

Les accords incomplets que nous observons entre nos idées comme entre les phénomènes du monde extérieur nous portent, par le fait seul que nous sommes des êtres pensants, à rechercher des accords plus parfaits, persuadés que nous sommes qu'aucune chose n'existe sans une raison

ohne hinreichenden Grund nichts besteht , noch ist so wie es ist.

Diese Ueberzeugung geht Hand in Hand mit der Ueber= zeugung des Bestehens der äußeren und inneren Welt, des Zusammenhanges aller objektiven Erscheinungen in der Ein= heit der äußeren Welt, und aller subjektiven Erscheinungen in der Einheit unseres Ichs. Jedoch spontan entdecken wir weder unter den verschiedenen Erscheinungen der äußeren Welt noch unter den verschiedenen Gefühlen unseres Ichs eine andere Uebereinstimmung als ihren Zusammenhang in Zeit und Raum. Von dem Zusammenhang verschiedener Erscheinungen im Raume schließen wir auf ihre Substanz; ihr Aufeinanderfolgen läßt uns auf ihre gegenseitige Abhängigkeit schließen, und wir nennen die vorhergehenden Erscheinungen Ursache, die folgenden Wirkung.

Und lassen wir den Satz: „keine Eigenschaft ohne Sub= stanz“, weil er nicht zur Frage gehört, bei Seite, und fassen den Satz: „keine Wirkung ohne Ursache“ in's Auge,

suffisante, c'est-à-dire sans un accord parfait de tous les phénomènes de son existence.

Cette conviction se développe en nous de concert avec notre certitude du monde extérieur et celle du monde in- térieur, avec celle de la liaison de tous les phénomènes objectifs dans l'unité du monde extérieur et de tous les phénomènes subjectifs dans l'unité de notre moi. Nous ne découvrons cependant d'une manière spontanée d'autre liaison entre les différents phénomènes du monde extérieur et les diverses manifestations de notre moi que celle de leur étendue et de leur durée. De la liaison de différents phénomènes dans l'espace nous concluons à leur substance, de leur succession dans le temps à leur dépendance réci- proque, et nous nommons ceux qui suivent les effets, comme ceux qui précèdent les causes.

Et si, laissant de côté la formule, point d'attribut sans substance, comme n'appartenant pas à la question, nous examinons la formule qui dit: point d'effet sans cause,

so finden wir, daß, indem wir den Satz aussprechen, wir, so wie Kant es ganz richtig bemerkt, nichts anderes darunter verstehen, als das Aufeinanderfolgen gewisser Erscheinungen nach einer Regel.

Wir halten uns hierin genau am Prinzip des hinreichenden Grundes und erkennen eine Uebereinstimmung, obwohl sie unvollkommen ist, zwischen den Erscheinungen die wir Wirkung und jenen die wir Ursache nennen. Wir erkennen auch, daß diese Uebereinstimmung eine nothwendige ist, eben wegen dieses Prinzipes, nach welchem wir keinen Zusammenhang von gegebenen Erscheinungen ohne den Grund ihres Zusammenhanges denken können, d. h. ohne den Begriff ihrer unerkannten und nothwendigen Uebereinstimmung und ihrer Folgen aufeinander vorauszusetzen.

Das Aufeinanderfolgen der Erscheinungen ist in seinem Zusammenhange aber doch nur eine unzulängliche Erkenntniß ihrer Uebereinstimmung, und wenn wir diese unzulängliche Erkenntniß überdies für eine wahre Erkenntniß halten,

---

nous trouvons qu'en la prononçant, nous n'entendons autre chose par là, ainsi que Kant l'observe fort judicieusement, que la succession de certains phénomènes suivant une règle.

Nous obéissons en cela fort exactement au principe de la raison suffisante : en percevant un accord, quoique incomplet, entre le phénomène que nous appelons effet et celui que nous nommons cause. Et nous observons la nécessité de cet accord par suite du même principe sans lequel nous ne pouvons concevoir aucune liaison entre des phénomènes sans supposer la *raison* de cette liaison, c'est-à-dire sans la conscience instinctive d'un accord dans leur succession.

Cette succession des phénomènes, si régulière qu'elle soit, n'en est pas moins une connaissance incomplète, elle ne se rapporte qu'à leur durée ; leur accord parfait nous reste inconnu, l'effet distinct de la cause ; et si nous envisageons en outre cette connaissance incomplète comme une connais-

so vernichten wir die Möglichkeit je zu derselben zu gelangen.

So erklärt sich erstens, wie wir Wirkung und Ursache
als zwei durchaus verschiedene Begriffe auffassen; zweitens,
wie wir dieselbe Verschiedenheit, die zwischen den Begriffen
besteht, auch den Erscheinungen beilegen, und somit dem
Prinzipe des hinreichenden Grundes, nach welchem wir nicht
in der Verschiedenheit der Erscheinungen, sondern in den
gegebenen Erscheinungen selbst den Grund erkennen sollen,
warum sie sind so wie sie sind, durchaus entgegen handeln;
und drittens, daß, wenn wir diese Bahn einmal betreten
haben, weder ein Ende noch irgend welches Ziel für unser
Streben zu erblicken ist.

Jede Wirkung setzt ihre Ursache voraus; diese abermals
die ihrige u. s. w. Die Ursache wird zur Wirkung, die
Wirkung zur Ursache, kein Begriff steht fest und in immer
weiterkreisendem Zirkelschluß streben wir nach den ersten und

---

sance véritable, nous détruisons la possibilité de l'acquérir
jamais.

Ainsi s'explique, comment il se fait :

1° que nous considérons l'effet et la cause comme deux
idées complètement distinctes ; 2° que nous attribuons la
même différence qui nous semble exister entre ces idées
aux phénomènes, contrairement au principe de la raison
suffisante qui demande que nous ne recherchions pas
dans la différence des effets et des causes, mais dans
l'accord des phénomènes entre eux la raison pour laquelle
ils sont tels qu'ils sont et non pas autrement ; et, 3° que
nous ne découvrons ni terme ni fin, lorsque nous sommes
une fois entrés dans cette voie.

Chaque effet suppose sa cause, celle-ci de nouveau sa
cause, et ainsi de suite. L'effet se transforme en cause, la
cause en effet, aucune notion n'est fixée, et dans ce cercle
vicieux, qui s'étend à mesure que nous nous élevons vers
les causes premières et suprêmes, nous concluons, sans

allerwichtigsten Ursachen, ohne auch nur mit einem Schritte aus demselben herauskommen zu können.

Das Kausalitätsgesetz ist nur eine erste und unzulängliche Form des Prinzips des hinreichenden Grundes nach welchem wir nicht nur nach der Folge der Erscheinungen in der Zeit, sondern auch nach ihrer vollkommenen Uebereinstimmung untereinander forschen. So unterscheiden sich die Begriffe von Wirkung und Ursache von dem Begriffe des Grundes auf dieselbe Weise wie sich das vermeintliche Gesetz von dem Prinzip unterscheidet. Insofern wir eine regelmäßige Folge und gegenseitige Abhängigkeit der Erscheinungen denken, nennen wir die Einen die Wirkungen, die Andern die Ursachen. Diese regelmäßige Folge oder gegenseitige Abhängigkeit ist aber weit entfernt eine vollkommene Uebereinstimmung, die unseren Geist allein befriedigen kann, zu geben, und so sucht die Wissenschaft weiter, nicht nach fernliegenderer Ursache, sondern nach dem wissenschaftlichen

---

nous en apercevoir et sortir du cercle, à leur existence sans pouvoir la démontrer.

La loi de causalité n'est qu'une forme élémentaire et incomplète du principe de la raison suffisante d'après lequel nous devons non seulement nous enquérir de la succession des phénomènes dans le temps, mais encore de tous leurs autres rapports, c'est-à-dire de leur accord parfait entre eux. Les idées d'effet et de cause se distinguent de l'idée de la raison suffisante de la même manière que la prétendue loi du principe. Dans la succession régulière et la dépendance réciproque des phénomènes nous appelons les antécédents les causes, les conséquents les effets, sans que ni cette succession ni cette dépendance ne nous révèlent l'accord qui existe entre eux et qui seul peut contenter notre esprit. Aussi la science, loin de chercher à découvrir des causes de plus en plus lointaines, persiste à rechercher la *raison scientifique* de laquelle dérive aussi bien la régularité

Grunde, der die regelmäßige Folge oder die gegenseitige Abhängigkeit bedingt.

Das vermeintliche Kausalitätsgesetz entspringt aus dem Prinzipe des hinreichenden Grundes und mittels der wissenschaftlichen Analyse führt es auf dasselbe zurück.

Das Prinzip des hinreichenden Grundes, wie wir gesehen haben, ist aber nichts anderes als der Ausdruck unseres nothwendigen und unbewußten Strebens nach Uebereinstimmung unserer Begriffe und der Erscheinungen die sie darstellen untereinander. Streben, welches sich von dem Bewußtsein einer nothwendigen Evidenz die keines Grundes bedarf, bis zum Gefühl der Indignation, welches die Lüge hervorruft, steigern kann.

VI.
Die wissenschaftliche und die nichtwissenschaftliche Frage.

Jeder einzelne Begriff, sowie jede einzelne Erscheinung stimmen vollkommen mit sich selbst überein, indem dieselben,

---

de la succession des phénomènes, que la réciprocité de leur dépendance.

La prétendue loi de causalité prend ses origines dans le principe de la raison suffisante, et, par l'analyse scientifique, y ramène.

Quant au principe de la raison suffisante, il n'est autre chose, ainsi que nous nous en sommes assurés, que l'expression de la tendance innée que nous avons de rechercher l'accord de nos idées, ou des phénomènes qu'elles représentent, entre elles.

Tendance qui depuis la conscience de l'évidence nécessaire, n'exigeant aucune preuve, s'élève jusqu'au sentiment de l'indignation provoquée par le mensonge.

VI.
LES QUESTIONS SCIENTIFIQUES ET LES QUESTIONS NON SCIENTIFIQUES.

Chaque idée, chaque phénomène se trouve dans un accord parfait avec soi-même ; en étant, ils ne peuvent pas

so wie sie sind, nicht zugleich sein und nicht sein können. Jedes Trachten nach der Uebereinstimmung von Begriffen oder von Erscheinungen setzt mithin zwei oder mehrere Begriffe oder Erscheinungen als gegeben voraus. Das Trachten nimmt die Gestalt einer Frage an die wir uns selbst oder anderen stellen können. Die Antwort gibt uns den Grund für die gestellte Frage, d. h. einen neuen Begriff oder das Erkennen einer unbekannten Erscheinung, die den Zusammenhang der in der Frage aufgestellten Begriffe oder Erscheinungen in sich schließt.

Unsere Begriffe jedoch, oder die Erscheinungen die wir kennen, befinden sich in so mannigfältigen Verhältnissen und umfassen so große Verschiedenheit und so viele Gegensätze, von der vollkommenen Evidenz angefangen bis zur offenbaren Lüge, daß unsere Fragen sowohl wie unsere Antworten die vielfachsten und verschiedensten Formen annehmen können.

Um die Sache zu vereinfachen, wollen wir dieselben in wissenschaftliche und unwissenschaftliche Fragen eintheilen.

à la fois être et ne pas être tels qu'ils sont. Toute recherche d'un accord entre des idées ou des phénomènes suppose donc deux ou plusieurs phénomènes ou idées. Cette recherche prend la forme d'une question que nous adressons soit à nous-mêmes, soit à autrui. La réponse lorsqu'elle nous donne la solution, c'est-à-dire la raison de la question posée, la donne toujours au moyen d'une idée nouvelle ou d'un phénomène nouveau par lesquels s'explique la liaison des idées ou des phénomènes, objets de la question.

Nos idées ainsi que les phénomènes ont entre eux des rapports tellement multiples et comprennent des différences et des oppositions si nombreuses, depuis l'évidence parfaite jusqu'au mensonge, que nos questions aussi bien que nos réponses peuvent revêtir les formes les plus diverses.

Divisons-les, pour plus de simplicité, on questions scien-

Der Unterſchied wird auffallender und iſt deßhalb leichter zu beſtimmen.

Wir haben geſehen, daß das Kauſalitätsgeſetz eine ſpontane und unvollkommene Anwendung des Prinzipes des hinreichenden Grundes iſt. Nichts natürlicher alſo als daß alle unwiſſenſchaftlich geſtellten Fragen ſich an das vermeintliche Geſetz halten und deſſen Merkmale au ſich tragen. Und wie wenig wiſſenſchaftliche Bedeutung das Kauſalitätsgeſetz beſitzt, können wir daraus erſehen, daß von den Fragen die die Menſchen überhaupt über den Zuſammenhang oder das Daſein der Dinge ſtellen können, alle jene welche des wiſſenſchaftlichen Charakters entbehren, genau nach dem vermeintlichen Geſetze geſtellt und auch beantwortet werden. Sie beruhen alle auf dem Forſchen nach einer unvollkommenen Uebereinſtimmung der gegebenen Erſcheinungen, und ſetzen alle einen prinzipiellen Unterſchied von Urſache und Wirkung voraus. Der Unglaube und Aberglaube, die falſchen Schlüſſe und Hypotheſen faſſen alle im unvollkommenen Denken Wurzel und beruhen ſomit auf jenem ange-

---

tifiques et en questions non scientifiques ; division évidente et par suite plus facile à déterminer.

Nous avons observé que la loi de causalité est une application spontanée et incomplète du principe de la raison suffisante. Il en résulte que toutes les questions que nous posons conformément à cette prétendue loi en prennent aussi les caractères.

Toutes les questions que les hommes s'adressent en général sur les rapports ou les origines des choses, toutes celles. auxquelles l'évidence scientifique fait défaut sont conçues et résolues selon l'esprit de cette loi.

Toutes proviennent de la recherche d'un accord incomplet entre les phénomènes, toutes supposent une différence essentielle entre la cause et l'effet.

L'incrédulité et l'idolâtrie, les hypothèses et les fausses conclusions proviennent d'une pensée incomplète et remon-

nommenen prinzipiellen Unterschiede zwischen Wirkung und
Ursache.

Zur Erklärung wird, wie bei allen strengwissenschaftlichen
Fragen, ein einziges Beispiel genügen:

Von den verschiedenen Antworten, die mein Freund, den
ich Unter den Linden begegnete, mir auf meine Frage gab,
sagte die eine: „Er baue auf seinen guten Stern". Wo
anders aber ist ein Zusammenhang des Vertrauens in seinen
Stern und seinem Entschlusse sich zu verheirathen, zu suchen,
als in dem in der Sprache gebliebenen Aberglauben der
Astrologen des Mittelalters, welche die Sterne durch ewige
Geister bewegt glaubten und annahmen, ihre Bewegungen
hätten Einfluß auf das Leben und das Treiben der Menschen. Es war reiner Aberglauben, der genau jedoch nach
dem sogenannten Gesetze der Kausalität, „keine Wirkung
ohne Ursache" gedacht war. Und da man für das Glück
und Unglück, für die Freuden sowie für die Schmerzen der
Menschen keine Erklärung zu geben wußte, so suchte man

---

tent par suite à une distinction admise en principe entre
la nature de la cause et celle de l'effet.

Il suffit, comme dans toutes les questions scientifiques,
d'un seul exemple pour le prouver.

Parmi les réponses que mon ami, que je rencontrais sous
les Tilleuls, me faisait à mes questions, il en était une par
laquelle il me disait qu'il comptait sur sa bonne étoile pour
devenir heureux en ménage. Quelle liaison pouvait-il y
avoir entre cette croyance en sa bonne étoile et la résolu-
tion de se marier? Elle était évidemment fondée sur la
croyance des astrologues du moyen-âge que les astres, mus
par des esprits éternels, exerçaient par leurs conjonctions
une influence sur la vie et les actes des hommes. Ce fut
une superstition conçue exactement selon la loi „point
d'effet sans cause". Ne trouvant aucune raison pour expliquer le bonheur et le malheur, les joies et les peines
des hommes, on en chercha une aussi élevée et différente

den Grund für ihr Bestehen in einer wohl erhabenen, jedoch möglichst verschiedenen Ursache.

Sobald ein Satz, von welcher Natur auch immer er sein mag, eine von der Wirkung verschiedene Ursache ausspricht, so ist er nicht wissenschaftlich gedacht. Es ist dies der Fall bei den meisten Fragen im gewöhnlichen Leben. So blieben alle Fragen, die ich meinem Freunde, der mir Unter den Linden begegnete, stellte, über Art und Zeit sowohl, wie über Schönheit, Alter, Sittsamkeit, Gefühle und Wünsche, nicht bei der Thatsache stehen, sondern forschten nach frem-den, fernliegenden Ursachen.

Der Sinn, den wir dem Kausalitätsgesetze „keine Wir-kung ohne Ursache" beilegen, weit entfernt, irgend welche wissenschaftliche Erkenntniß erklären zu können, gestattet nur die verschiedenen Stufen unseres nichtwissenschaftlichen Den-kens mit großer Genauigkeit festzustellen.

So bilden z. B. alle jene Schlüsse, die auf der täglichen Erfahrung beruhen, und in denen wir die Ursache als von

que possible en s'adressant aux esprits éternels des astres.

Toute proposition, de quelque nature qu'elle soit, si elle implique l'existence d'une cause différente de l'effet, est conçue d'une manière non scientifique. C'est le cas de la plupart des questions de la vie journalière.

Toutes celles que j'ai faites à mon ami, en le rencontrant sous les Tilleuls, et qui se rapportaient au lieu et au temps, à la beauté, à l'âge et à la modestie de sa future, à ses propres sentiments et désirs, ne se concentraient point dans le fait de la rencontre, mais supposaient des causes lointaines ou étrangères au fait lui-même.

Le sens que nous attribuons spontanément à la loi: „point d'effet sans cause", loin de donner l'explication de n'importe quelle connaissance scientifique, nous permet au contraire d'établir les divers degrés de nos pensées non scientifiques.

C'est ainsi que nos raisonnements, fondés sur l'ex-périence journalière et par lesquels nous concevons les

ber Wirkung verschieden denken, unsere praktischen Kenntnisse und die Grundlage dessen, was wir unseren guten Glauben nennen. Liegen die vermeintlichen Ursachen den täglichen Erfahrungen weniger nahe, und glauben wir deßungeachtet fest an dieselben, so bilden sie reine Objekte unseres Aberglaubens oder, falls wir ihres unzulänglichen Zusammenhanges mit ihren Wirkungen bewußt sind, unsere Hypothesen aller Art.

Drittens endlich, wenn die Ursachen als von ihren Wirkungen verschieden gedacht und doch in ein und derselben Erfahrung oder Erscheinung gegeben sind (wie das Leuchten der Sonne, das Brennen des Feuers), so bilden sie einfache Anschauungen, die aber, sobald wir denselben eine wissenschaftliche Tragweite geben wollen, in Zirkelschlüsse, in Sinn und Wortspiele ausarten müssen, ebenso wie der Unterschied von Ursache und Wirkung der hineingelegt worden ist. Recht einleuchtend sehen wir das bei dem Beispiele von der

---

causes comme différentes de leurs effets, forment nos connaissances pratiques et constituent ce que nous appelons notre bonne foi.

Si ces prétendues causes se trouvent liées moins directement à nos expériences sans que nous cessions d'y croire fermement, elles se transforment en des objets de notre superstition, ou bien si nous nous rendons compte de l'insuffisance de leur liaison avec leurs effets, en des hypothèses de toutes sortes.

Enfin, en troisième lieu, si malgré l'évidence d'une seule et même expérience nous persistons à y introduire les notions de cause et d'effet (le soleil cause du jour, le feu cause de la flamme), alors elles ne représentent plus que de simples perceptions, qui dégénèrent aussitôt que nous prétendons leur attribuer une portée scientifique, en des cercles vicieux, ou des jeux sur le sens et la portée des mots de la même manière que les idées de cause et d'effet qu'on y a introduites. Nous en avons vu la preuve

Wirkung der Kälte die wir empfinden, welche zur Ursache des Eises selbst wird.

Das Prinzip des hinreichenden Grundes zeigt uns, wie alle diese Formen unseres Denkens nicht nur möglich, sondern auch nothwendig sind, indem sie in den niedrigsten Stufen unseres Erkenntnißvermögens die ersten Versuche, uns von dem Zusammenhange der Erscheinungen untereinander Rechenschaft zu geben, darstellen. Von einer völligen Anwendung des Prinzipes sind sie aber so entfernt wie ein vollkommenes Denken von einem unvollkommenen entfernt ist.

Nirgends ersehen wir deutlicher wie groß der Unterschied ist, der zwischen wissenschaftlichen und unwissenschaftlichen Fragen, zwischen der vollkommnen und unvollkommnen Anwendung des Prinzipes des hinreichenden Grundes, besteht, als wenn im gewöhnlichen Leben *ex abrupto* eine rein wissenschaftliche Frage gestellt wird. Wäre ich z. B., als ich meinen Freund Unter den Linden begegnete, auf ihn

---

dans l'effet de froid que nous fait éprouver la glace et qui devient la cause de la glace elle-même.

Le principe de la raison suffisante nous démontre comment toutes ces formes de raisonnements sont non seulement possibles, mais encore nécessaires, par cela seul qu'elles représentent les degrés inférieurs des manifestations de notre pensée, les premiers essais de nous rendre compte de la liaison des phénomènes entre eux. Elles sont aussi différentes d'une application parfaite du principe que la pensée enfantine de la pensée parvenue à l'éclat de sa plus haute puissance.

Rien ne prouve mieux la grande distance qui sépare les questions non scientifiques des questions scientifiques, l'application incomplète du principe de raison suffisante de son application parfaite, que lorsque dans la vie journalière on pose *ex abrupto* une question réellement scientifique. Si en rencontrant mon ami sous les Tilleuls, j'étais allé vers lui, non pour lui demander où il allait, mais pour le prier de

zugegangen, und hätte ihn, anstatt nach dem Orte wohin er gehe, zu fragen, gebeten mir zu sagen: worin das Gehen bestehe, so hätte er mich vielleicht für verrückt gehalten, ich jedoch hätte ihm eine rein wissenschaftliche und dem Prinzipe des hinreichenden Grundes vollkommen entsprechende Frage gestellt.

Nichts, behauptet das Prinzip, besteht ohne einen hinreichenden Grund: daß es ist so wie es ist. Warum also ist das Gehen so wie es ist? Je einfacher die Frage, um so schwieriger die Antwort. Somit kommen die weitgreifenden Erklärungen, zu denen wir im gewöhnlichen Leben unsere Zuflucht nehmen, nicht daher daß wir dem Prinzipe entgegen denken, sondern daher daß uns das Denken in dieser Weise und in Folge des Prinzipes leichter ist und wird.

Deßhalb scheint es auch natürlicher und viel leichter über das vermeintliche Kausalitätsgesetz, als über das so weittragende Prinzip, nach welchem wir nicht nur alle unsere wissenschaftlichen Fragen stellen, sondern Dank welchem

---

me dire en quoi consistait „la marche“, il m'aurait sans doute tenu pour fou, et cependant je lui aurais posé une question vraiment scientifique, conforme en tout point au principe de la raison suffisante.

Nihil est, dit le principe, *sine ratione aut sit aut non sit*; pourquoi donc la marche est-elle telle qu'elle est. Si simple que semble la question, aussi difficile en est la réponse. Les raisons lointaines auxquelles nous avons recours dans la vie commune, ne proviennent que de ce qu'elles représentent la façon la plus facile, la plus aisée de penser.

Pour le même motif il nous semble beaucoup plus naturel de rechercher la raison de toutes les spéculations possibles que nous pouvons faire au sujet de la prétendue loi de causalité, que de nous inquiéter de l'immense portée du principe, d'après lequel nous posons non seulement nos

wir auch allein deren Lösung geben können, alle möglichen Speculationen anzustellen.

Warum ist eine Erscheinung, oder sind mehrere Erscheinungen so wie sie sind? Der Grund dafür muß in ihnen selbst und nicht in etwas Anderem gesucht werden. Nichts anderes will das Prinzip sagen noch andeuten. Mit anderen Worten: Welches ist die vollkommne Uebereinstimmung bestimmter Erscheinungen untereinander, die den wahren, wissenschaftlichen Grund, warum jene Erscheinungen sind so wie sie sind, geben kann?

Das Prinzip des hinreichenden Grundes ist kein Gesetz im strengen Sinne des Wortes, denn es gibt uns in keiner Weise eine Erklärung für unser Denken. Man kann zwar behaupten, daß „Denken" nach dem Prinzipe des hinreichenden Grundes ein Gesetz ist, aber nicht das Prinzip selbst ist dieses Gesetz, denn wir würden sonst nicht nur wissen daß wir nach dem Prinzipe denken, sondern auch wie wir nach demselben denken sollen.

---

questions scientifiques, mais encore d'après lequel seul nous pouvons en donner les solutions.

Pour quelle raison un ou plusieurs phénomènes sont-ils tels qu'ils sont? Cette raison doit être découverte dans les phénomènes mêmes et non pas en dehors d'eux. Le principe ne nous en enseigne pas davantage. En d'autres termes : quel est l'accord de certains phénomènes entre eux qui puisse nous révéler la raison scientifique pourquoi tels phénomènes sont tels qu'ils sont?

Le principe de la raison suffisante n'est pas une loi dans le sens rigoureux du mot, car il ne nous explique en aucune manière les formes de notre pensée. On peut bien soutenir que penser conformément au principe est une loi de notre intelligence, mais le principe lui-même n'est pas cette loi, sinon nous saurions non seulement que nous pensons d'après lui, mais encore comment nous devons agir pour penser d'après lui.

Das Prinzip ist auch kein Axiom. Jedes Axiom ist eine spezielle, offenbare und nothwendige Wahrheit, an der zu zweifeln uns nicht möglich ist. Der Theil ist kleiner denn das Ganze. Gleiche Größen geben gleiche Summen. Die Linie ist der kürzeste Weg von einem Punkte zum andern. Das Prinzip des hinreichenden Grundes erscheint uns zwar ebenso nothwendig wie ein Axiom, weil es, wie dieses, der Ausdruck der Anwendung unseres Erkenntnißvermögens an etwas unvollkommen Erkanntem ist. — Das Prinzip ist aber nicht auf dieselbe Weise offenbar, denn wenn auch die Nothwendigkeit des Grundes, d. h. die Uebereinstimmung der in ihrem Zusammenhang gedachten Erscheinungen offenbar ist, so bleibt doch der Grund dieser Uebereinstimmung unbekannt und ist im Prinzipe nicht enthalten, wie der Theil in seinem Ganzen, wie die Größe in ihrer Summe oder der kürzeste Weg in der graden Linie.

Auch ist das Prinzip nicht speziell, sondern allgemein. Gleich dem Prinzipe des Widerspruches findet es seine An-

---

Le principe n'est pas non plus un axiome. Chaque axiome est une vérité spéciale évidente, nécessaire, dont il nous est impossible de douter. La partie est moindre que le tout. Deux quantités égales à une troisième sont égales entre elles. La ligne droite est le plus court chemin d'un point à un autre. Le principe de la raison suffisante nous apparaît bien, comme étant aussi nécessaire qu'un axiome, parce qu'il est de la même manière l'expression d'une application de notre faculté de penser.

Mais le principe est loin d'emporter la même évidence. S'il implique la nécessité d'une raison, c'est-à-dire de la connaissance de l'accord des phénomènes que nous pensons comme liés entre eux, cet accord n'en reste pas moins inconnu et n'est pas indiqué dans la formule du principe; de même dans les axiomes la partie est donnée dans le tout, l'égalité dans les sommes, les points dans la ligne.

Enfin le principe n'est point spécial, mais général. Ainsi

wendung auf alles Gedachte und auf alles Denkbare, sogar auf die Axiome und auch auf sich selbst, wie wir in der gegebenen Frage nach ihrem Ursprunge ersehen.

Trotzdem ist es ein Prinzip nur im abgeleiteten Sinne des Wortes. Das wahre, lebendige Prinzip alles Erkannten und alles Erkennbaren ist und bleibt das Denken.

Daher denn auch die bestimmten Regeln der Anwendung des Prinzipes, die bestimmten Stufen unseres Denkens ent-sprechen.

VII.
Die Erkenntnißlehre.

Unsere Begriffe sind entweder concrete, allgemeine oder abstrakte Begriffe, und unsere Erkenntnisse und unsere Wis-senschaften lassen sich somit ganz natürlich in concrete, all-gemeine und abstrakte eintheilen. Von den Wissenschaften sind aber deßhalb die einen nicht vorwiegend aus concreten, die anderen nicht vorwiegend aus allgemeinen, oder wieder

---

que le principe de contradiction, il est applicable à toutes choses pensées et imaginables, voire aux axiomes et à lui-même, comme le prouve la question de l'Académie, qui en demande l'origine.

Et cependant le principe ne mérite ce nom que dans un sens dérivé, le principe vrai, vivant, de toute science est la seule pensée.

Il en résulte que selon les actes de la pensée et les ap-plications différentes qu'elle fait du principe, elle exprime par des formes distinctes les divers degrés de notre intel-ligence des choses.

VII.
LA THÉORIE DE LA CONNAISSANCE.

Nos idées se divisent en idées concrètes, idées générales et idées abstraites, et nos connaissances, nos sciences se distinguent suivant nos idées en sciences concrètes, géné-rales et abstraites. Chaque science implique cependant toute espèce d'idées. Les mathématiques pures, qui

andere vorwiegend aus abstrakten Begriffen gebildet. Jede Wissenschaft enthält alle Arten von Begriffen. Selbst der Mathematik, die uns die abstrakteste aller Wissenschaften erscheint, sind concrete Darstellungen für ihre Beweise und ihre Entwickelung nothwendig. Die Wissenschaften jedoch theilen sich in concrete, allgemeine und abstrakte Wissenschaften ein, da sie in den verschiedenen Arten dieser Begriffe die hinreichenden Gründe finden, die ihnen ihre Geltung gibt, somit eine geringere oder höhere Erkenntniß ihrer Objekte darstellen und das Bewußtsein der erkannten Wahrheit hervorrufen.

Um diese wichtige Frage in der kürzesten Weise recht klar zu machen, genügt wiederum das einfache Beispiel, an welches wir uns seit dem Beginne unserer Abhandlung gehalten haben. Jedes andere Beispiel jedoch hätte sich ebenso gut dazu geeignet, denn die Erkenntniß alles Denkbaren, von der ersten concreten Erscheinung angefangen bis zu der allerhöchsten wissenschaftlichen Ueberzeugung, ist und bleibt denselben Denkformen unterworfen. Und den Beweis

---

qui semblent la plus abstraite des sciences, ne sauraient établir leurs démonstrations et poursuivre leur développement sans l'exposition concrète des figures, des formules, ou des chiffres. Les sciences se distinguent en concrètes, générales et abstraites selon les idées qui leur servent de raisons suffisantes, selon les idées par lesquelles elles acquièrent leur caractère de sciences et représentent une connaissance plus ou moins parfaite des objets.

Pour résumer cette importante question de la manière la plus concise et la plus nette, il suffit encore une fois de nous tenir à l'exemple si simple dont nous nous sommes servi dans ce mémoire. Tout autre exemple rendrait le même service, car la connaissance de toutes choses intelligibles, depuis la première perception concrète jusqu'à la certitude scientifique la plus élevée, est et reste sujette aux mêmes formes intellectuelles.

dafür kann man am offenbarsten geben, wenn man ein und
dasselbe Beispiel logisch verfolgt.

Anstatt meinen Freund nach fernliegenden Ursachen zu
fragen, warum ich ihn begegne, bitte ich ihn, mir sagen
zu wollen, worin denn eigentlich das Gehen bestehe? —
Er antwortet: das Gehen besteht darin, eines der Unterglieder des Körpers zu heben, wodurch der Schwerpunkt
des Körpers auf das zweite getragen wird, der Körper sich
somit nach vornen neigt, seinen Schwerpunkt versetzt, das
emporgehobene Glied sich streckt um demselben eine Stütze
zu geben im Augenblick wo das zweite frei wird, sich em-
porhebt, ꝛc.

Ist diese Antwort eine wissenschaftliche Antwort? Für
Jemand der nach entfernten Ursachen forscht und dieselben
außerhalb des Gehens entdecken zu können glaubt, gewiß
nicht. — Das Gehenwollen, der Einfluß der Seele auf das
Wollen sowie der Einfluß des Willens auf den Körper
können allerdings zu erhabenen und weittragenden Erklä-

La poursuite logique de la connaissance de plus en plus
parfaite que nous pouvons acquérir d'un même fait en
donne la preuve la plus complète.

Au lieu d'interroger mon ami sur les causes lointaines
de notre rencontre, je le prie de me dire en quoi consiste
réellement la marche. — Il me répond, la marche consiste
à soulever l'un des membres inférieurs du corps, ce qui
porte le centre de gravité sur l'autre, à déplacer ensuite
le centre de gravité en portant légèrement le corps en
avant, ce qui fait que son poids se reporte sur le premier
membre, lequel reprend son point d'appui sur le sol, dé-
gage le second, qui est soulevé à son tour etc. etc.

Cette réponse ne paraîtra certes pas suffisante à quiconque cherche des causes lointaines pour expliquer la
marche, et s'imagine pouvoir les découvrir en dehors du
phénomène lui-même.

La volonté de marcher, l'influence de l'âme sur la volonté,
celle de la volonté sur l'organisme peuvent fournir des

rungen führen, aber es wird ihnen um so weniger möglich sein, gemäß des Prinzipes einen einzigen hinreichenden Grund anzugeben warum das Gehen eigentlich so ist wie es ist, als sie sich von der Frage selbst weiter entfernen. — Dagegen lehrt uns die einfache Beschreibung, und zwar um so bestimmter je genauer sie ist, worin die Erscheinung des Gehens eigentlich besteht.

Die beschreibenden Wissenschaften kennzeichnen sich alle durch denselben Charakter: Geschichte, Erdkunde und überhaupt alle Kenntnisse derselben Art. Für Alle ist die genaue Beschreibung der hinreichende Grund. Wir wollen erfahren, warum die Dinge sind so wie sie sind, und nicht warum sie überhaupt sind, noch wie sie sein können so wie sie sind? Je genauer diese Wissenschaften die Beschreibung machen, um so vollkommner wird unsere Kenntniß ihres Objektes sein.

Gleichwie der Raum aber drei Dimensionen hat, und ein bestimmter Raum nur durch das genaue Messen der drei Dimensionen vollkommen erfaßt werden kann, so

explications aussi élevées que différentes du phénomène. Mais elles nous enseigneront d'autant moins la raison pourquoi la marche est réellement telle qu'elle est, qu'elles s'éloigneront davantage de la question. Plus la description sera, au contraire, précise mieux nous apprendrons en quoi consiste le phénomène.

Toutes les sciences descriptives portent indistinctement le même caractère: l'histoire, la géographie et toutes les connaissances de même espèce. Leur raison suffisante est la description exacte. Nous voulons apprendre pourquoi les choses sont telles qu'elles sont et non pourquoi elles *existent en général, ni pourquoi elles sont nécessairement telles qu'elles sont.* Plus la description sera rigoureuse mieux nous connaîtrons l'objet.

Mais ainsi que l'espace a trois dimensions et qu'un espace ne peut être exactement déterminé que par la mesure de ses trois dimensions, toute question pour être

muß auch jede gestellte Frage nach allen Richtungen hin
unserer Begriffsbildung erforscht werden. Sie muß so zu
sagen in ihrer Breite, in ihrer Länge und Höhe ermessen,
d. h. mit concreten, allgemeinen und abstrakten Begriffen
betrachtet werden.

In der zweiten Form kann eine und dieselbe Frage nach
einer ganz andern Richtung hin gestellt und beantwortet werden.
Wenn ich z. B. meinen Freund bitte mir zu sagen, warum
der Mensch denn überhaupt gehe, d. h. mir mitzutheilen,
welches der allgemeine Grund des Gehens sei, so wird seine
Antwort der Frage mehr oder weniger entsprechend sein.

Er wird mir die allgemeinen Beobachtungen der Bewegungen der lebenden Wesen welche, um ihre Nahrung und
Begattung zu suchen, spezielle Organe besitzen, beschreiben.
Die Einen, wird er sagen, schwimmen, andere fliegen, wieder
andere laufen, springen, klettern, und der Mensch geht.
Will mein Freund aus diesen Erscheinungen aber Ursachen
machen, annehmen z. B. daß die Thiere sich bewegen weil
sie Flügel, Flossen, Beine haben, oder daß sie verschieden-

---

complètement étudiée, doit être résolue suivant les différentes
formes de nos idées. Elle doit être considérée pour ainsi
dire dans sa hauteur, sa largeur, sa profondeur, suivant les
idées concrètes, générales et abstraites qui s'y rapportent.

La même question peut donc être posée sous une seconde
forme et résolue dans une autre direction. Si, par exemple,
je prie mon ami de me dire pourquoi en général l'homme
marche, il répondra naturellement d'une autre manière suivant l'esprit même de ma question. Il m'exposera comment
tous les êtres vivants possèdent des organes spéciaux qui
leur permettent de se mouvoir en cherchant à se nourrir
et à se reproduire, que les uns nagent, que d'autres
volent, courent, sautent, grimpent et que l'homme
marche. Mais si mon ami prétendait faire de ces phénomènes généraux des causes, démontrer par exemple, que
les animaux se meuvent parce qu'ils ont des ailes, des
nageoires, des membres, ou qu'ils possèdent des organes

artige Glieder besitzen, weil sie ihre Nahrung und Begattung suchen müssen, so verliert sofort die Antwort jeden
wissenschaftlichen Charakter. Wir treten aus der Frage heraus, stellen das Suchen nach Nahrung oder Begattung den
Formen der Bewegung entgegen oder umgekehrt, und fallen
in einen Zirkelschluß, anstatt dem Prinzipe des hinreichenden Grundes gemäß einfach zu erklären, was das Gehen
in seinen allgemeinen Beziehungen streng genommen in
sich schließt. Nur in dieser letzten Auffassung ist und bleibt
die Antwort auf wissenschaftlichem Gebiete. Alle anderen
Auffassungen erzeugen einfache Meinungen, denn die Beziehungen welche zwischen Nahrung und Begattung suchen,
und schwimmen, fliegen, gehen, laufen, bestehen, sind so weit
von einander entlegen, daß wir uns dieselben nicht einmal
als gegenseitige Wirkungen und Ursachen vorstellen können,
und nothwendiger Weise neue Prinzipien, neue Ursachen entdecken müssen um uns dieselben zu erklären.

---

divers parce qu'ils sont obligés de se nourrir et de se reproduire, aussitôt sa réponse perdrait le caractère scientifique.

Il sort de la question, oppose la recherche de la nourriture ou de la reproduction aux formes du mouvement ou
ces formes à cette recherche, et se perd dans un cercle
vicieux, au lieu de se conformer rigoureusement au principe
de la raison suffisante qui n'exige, dans ce second cas,
que l'explication des rapports généraux qu'impliquent les
phénomènes de la marche.

Ce n'est qu'en considérant la question et la réponse à ce
point de vue que celle-ci ne sort point du domaine de la science.

Toute autre façon de l'envisager transforme la réponse
en une simple opinion, car les rapports qui existent entre
la recherche de la nourriture par exemple, et la natation,
le vol, la course, la marche sont à tel point éloignés les
uns des autres, que nous ne pouvons pas même nous les
représenter comme des causes et des effets réciproques, et
que nous nous trouvons par suite obligés de découvrir
d'autres principes, d'autres causes pour nous les expliquer.

Der hinreichende Grund, warum überhaupt das Gehen besteht, ist nicht in Ursachen zu suchen welche ihm fremd sind, sondern in den Beziehungen die das Gehen als solches in sich schließt. Die vermeintlichen Gründe, welche die Wissenschaft außerhalb dieses Sinnes zu entdecken glaubt, sind nur Phantasiebilder, seichte Philosophie, oder reine Hypothesen.

Eine dritte Form, nach hinreichenden Gründen für eine gegebene Erscheinung, Fragen zu stellen, besteht darin, sich abstrakter Begriffe zu bedienen, um concrete Thatsachen in ihrem Zusammenhange zu erklären und in dem Begriffe einen Grund für deren Zusammenhang mit dem gedachten Objekte zu suchen. Diese letzte Form zu forschen entwickelt schnell und leicht die mannigfachsten Fragen, die aber eben deßhalb auch überaus schwierig zu lösen sind. Wie z. B. können wir die Uebereinstimmung erkennen, welche zwischen den abstrakten Begriffen von Bewegung, von Kraft, Substanz, Ursache, von mathematischen Größen u. s. w. und dem Gehen besteht, das wir auf die eine oder die andere Weise im Zu-

La raison pourquoi la marche existe en général ne doit point être recherchée dans des causes qui lui sont étrangères, mais uniquement dans les rapports généraux que le phénomène de la marche renferme. Les prétendues raisons que la science croit découvrir, en dehors de cette portée du principe, ne sont que des produits de l'imagination, de la mauvaise philosophie ou de pures hypothèses.

La troisième forme enfin de la recherche de la raison d'un phénomène consiste à se servir de notions abstraites pour expliquer la liaison des faits qu'il présente. Cette dernière forme permet de donner les réponses les plus diverses, les plus multiples, mais dont la solution n'en est aussi que plus difficile.

Comment pouvons-nous, par exemple, reconnaître l'accord qui existe entre les notions abstraites de mouvement, de force, de substance, de cause, de quantités mathématiques etc. et le phénomène de la marche qui, d'une façon ou

sammenhange mit diesem Begriffe denken können. Von den Zahlen angefangen durch welche die Pithagoräer die Ursachen und die Substanz der Dinge zu erklären suchten, bis zur Objektivation des absoluten Willens mittels welcher Schopenhauer den Zusammenhang der abstrakten und concreten Begriffe zu erklären suchte, führen solche Erklärungen alle ohne Ausnahme nur zu rein phantastischen Hypothesen und Systemen.

Weil Alles Bewegung ist, deßhalb besteht das Gehen des Menschen, hätte Heraklites zur Antwort gegeben. Es ist eine Wirkung der Substanz, weil die Erscheinungen von der Substanz herrühren, würde Spinoza festftellen u. f. w.

Die philosophischen Theorieen haben alle ein und denselben Charakter. Die Möglichkeit aber und noch viel weniger die Nothwendigkeit, warum jene objektivirten abstrakten Begriffe mit den bestimmt gegebenen Erscheinungen in Wirklichkeit übereinstimmen oder übereinstimmen können, in

---

d'une autre, peut-être conçu comme se trouvant en liaison avec ces idées.

A commencer des nombres par lesquels les pythagoriciens expliquèrent la substance et la cause des choses, jusqu'à l'objectivation de la volonté de Schopenhauer dont il se servit comme étant la raison des rapports qui existent entre le monde abstrait et le monde concret, ce genre d'explications conduit inévitablement à des systèmes et à des hypothèses fantastiques.

La marche, aurait répondu Héraclite, existe, par la raison que tout est mouvement; c'est un effet de la substance, aurait répliqué Spinoza, puisque tous les phénomènes en proviennent etc.

Toutes les théories philosophiques portent le même caractère. Aucune ne s'arrête à rechercher comment l'accord entre les idées abstraites prises dans leur sens objectif, dans leurs rapports avec les phénomènes concrets, peuvent se manifester dans la réalité, ni comment elles peuvent paraître nécessaires ou seulement possibles et

anderen Worten: das Erfassen ihres wahren Grundes wird dabei nicht in Betracht genommen. Beurtheilen wir die Erscheinung mit objektivirten abstrakten Begriffen, so kommen wir, wie bei dem Kausalitätsgesetze, auf Schlüsse die sich widersprechen. Wenn bis in's Unendliche alles Zahlen sind, so gibt es keine bestimmte Zahl. Wenn alles eine und dieselbe Substanz ist, so gibt es keine verschiedenen Erscheinungen und mithin auch kein Gehen. Kant's Antinomistik erklärt sich durch die leider sehr gebräuchlich gewordenen Zirkelschlüsse der Philosophie.

Anders verhält es sich, wenn die wissenschaftlich gestellte Frage von rein wissenschaftlichem Standpunkte aus beantwortet wird. In diesem Falle, der wahren Tragweite des Prinzipes des hinreichenden Grundes gemäß, hält sich die Wissenschaft streng an die Frage als solche, und sucht den Grund in einem in derselben gelegenen abstrakten Begriffe.

Was ist der Grund der Bewegung im Gehen?

Falls wir, um die Bewegung zu erklären, nach fernlie-

et par conséquent la raison des phénomènes. Si nous appliquons aux phénomènes les idées abstraites prises dans leur portée objective, nous nous égarons forcément dans des contradictions sans fin, comme lorsque nous leur appliquons la loi de causalité. Si le nombre est infini, il n'existe point de nombre déterminé; si tout est une seule et même substance, il ne peut exister des phénomènes divers ni par conséquent la marche. L'antinomistique de Kant s'explique par ce genre de cercle vicieux dont la philosophie n'avait que trop pris l'habitude.

Il en est autrement lorsque la question est résolue au point de vue scientifique. La science, obéissant à la vraie portée du principe de la raison suffisante, se tient en ce cas rigoureusement à la question et découvre sa raison abstraite dans le phénomène lui-même et non dans quelque autre abstraction ou cause qui n'ont que des rapports lointains avec lui.

Quelle est la raison du mouvement dans la marche? — Si nous essayons d'expliquer ce mouvement par des causes

genben Urfachen fuchen, den Begriff von Kraft zu Hilfe
nehmen, uns auf die Kraft der Nerven, der Muskeln, oder
gar auf die Willenskraft berufen, fo bleibt der Zufammen-
hang der beiden Begriffe von Bewegung und Gehen unerklärt. Nun foll aber die Antwort, damit fie eine rein wif-
fenfchaftliche fei, den abftrakten Begriff von Bewegung mit
dem concreten Begriffe von Gehen in Uebereinftimmung
bringen. Der Grund foll und muß alfo durch abftrakte
Begriffe, welche ihre evidente und nothwendige Anwendung
in der Erfcheinung des Gehens (als folche) finden, gegeben
werden.

Die Antwort kann fofort lauten: Die Unterglieder find
die Stütze des Körpers, die Maffen der Unterglieder felbft
aber find geftützt durch die Knochen, die fich in denfelben
befinden. Diefe Knochen find an und für fich wahre
Hebel durch die Ausdehnung ihrer Apophyfen, welche wie
die Arme eines Hebels deren Wirkungen in birektem Ver-
hältniffe zu ihrer Länge ift, fich verhalten.

lointaines en ayant recours à la notion de force, si nous
en appelons à la force des nerfs, des muscles ou de la volonté, voire à la force absolue, la raison de la liaison des
deux idées de mouvement et de marche demeure inexpli-
quée. La réponse à la question, pour conserver son caractère scientifique, doit nécessairement rendre compte, sous
une forme ou sous une autre, du rapport qui existe entre
la notion abstraite de mouvement et la notion concrète de
la marche. En d'autres termes, la raison doit être donnée
par une notion abstraite qui se manifeste d'une manière
également évidente et nécessaire dans la notion abstraite
du mouvement et dans le phénomène de la marche.

La réponse, par exemple, peut prendre la forme suivante:
Les membres inférieurs sont les soutiens du corps, et la
masse de ces membres eux-mêmes est soutenue à son tour
par les os qu'ils renferment. Or, ces os font les fonctions
de leviers ; par l'extension de leurs apophyses ils agissent
comme les bras des leviers en raison directe de leur
longueur.

So hätten wir denn schließlich einen jener vielen unbekannten Gründe die uns das Gehen, so wie es ist, erklären. Die Knochen der Glieder wirken als Hebel, und die Wirkung der Hebelsarme steht in direktem Verhältnisse zu deren Länge, und diese Länge in direktem Verhältnisse zu deren Wirkung.

Ich mag versuchen die Antwort nach den verschiedensten Richtungen hin zu wenden und zu kehren, es wird ebenso unmöglich bleiben mir einen Theil der Hebellänge ohne Wirkung, oder eine Wirkung ohne die ihr entsprechende Länge zu denken, als anzunehmen daß Eins und Eins nicht Zwei machen sollen.

Mein abstraktes Denken als solches stimmt mit dem in der Erscheinung enthaltenen Grunde vollkommen überein. Das Bewußtsein des Nichtwissens verschwindet und macht nicht nur dem Bewußtsein des Wissens Platz, sondern steigert Letzteres bis zur Ueberzeugung, daß mein Wissen nicht anders sein kann, als es ist.

De cette façon nous aurions, au point de vue de la science exacte, découvert une des nombreuses raisons abstraites qui peuvent nous expliquer la marche. Les os des membres inférieurs agissent comme des leviers, et les effets des bras de leviers sont en raison directe de leur longueur, de même que cette longueur est en raison directe de leur effet. Je puis tourner et retourner la réponse dans tous les sens, il me sera aussi impossible de concevoir une partie des bras du levier sans effet, ou un effet sans une partie correspondante à la longueur des bras que d'admettre que un et un ne puissent point faire deux.

Ma pensée abstraite concorde d'une manière complète avec la raison découverte dans le phénomène. La conscience de mon ignorance disparaît; elle fait place à la certitude du savoir et l'élève jusqu'à me donner la conviction que ma science dans cette circonstance ne saurait pas être autre qu'elle est.

Die mathematischen, die mechanischen, die physischen, die astronomischen Wissenschaften, insofern sie die Erkenntniß der Uebereinstimmung unseres abstrakten Denkens mit den Erscheinungen erklären, geben die klarste und festeste Ueberzeugung der Wahrheit unseres Wissens, sowie die mächtigsten Gründe welche das menschliche Denken erforschen kann.

VIII.
Wahrheit und Wissenschaft.

Den Grund, weßhalb es so vielfache Stufen unseres Erkennens und des Bewußtseins der erkannten Wahrheit gibt, müssen wir in uns selbst, in der Natur unseres Denkens suchen.

Sowohl unser eigenes Denken wie die äußeren Objekte erkennen wir nur durch die Begriffe, die wir uns von denselben bilden. Somit besteht die Wahrheit und kann die Wahrheit nur in der Uebereinstimmung unserer Begriffe untereinander bestehen. Wo diese Uebereinstimmung aufhört, hört unser Wissen auf; wo dieselbe vollkommen zu finden ist, ist unser Wissen vollkommen.

En tant que les sciences des mathématiques, de la mécanique, de la physique, de l'astronomie nous dévoilent l'accord de notre pensée abstraite avec les phénomènes, elles nous donnent la certitude la plus parfaite et les raisons les plus puissantes que la science humaine puisse découvrir.

VIII.
LA VÉRITÉ ET LA SCIENCE.

La raison des degrés divers de nos connaissances et de la conscience que nous avons de la vérité est en nousmême; elle prend sa source dans la nature de notre pensée.

Nous n'acquiérons la connaissance de notre propre pensée, de même que celle des objets du monde extérieur, que par les idées que nous nous en formons. La vérité, par suite, ne peut consister que dans l'accord de nos idées entre elles. Là où cet accord s'arrête là s'arrête aussi notre science; là où il est parfait notre science est parfaite.

Man hat vielfältige Definitionen der Wahrheit gegeben. Man hat behauptet, sie sei das was ist. Das was ist, das ist auch in Wahrheit, aber beßhalb ist das was ist noch nicht als Wahrheit mir bekannt; nur das was in Wahrheit als Seiend bekannt ist, kann wahr genannt werden. Was außerdem besteht oder nicht besteht, das kann ich in Wahrheit nicht wissen, wenn ich auch im hypotetischen Sinne davon sagen kann daß, wenn es ist, es in Wahrheit ist.

Eine andere Definition der Wahrheit nimmt an, sie bestehe in der Uebereinstimmung des Gedachten mit seinem Objekte.

Unsere allgemeinen und abstrakten Begriffe stimmen jedoch mit keinem Objekte überein. Das Thier, als allgemeiner Begriff, besteht als Objekt ebensowenig wie der Mensch als Objekt besteht, wenn man ihn als allgemeinen Begriff denkt. In der objektiven Welt gibt es keine Punkte ohne Ausdehnung, keine Linie ohne Breite und Tiefe, doch ist die Uebereinstimmung unserer mathematischen Begriffe mit den Erscheinungen der Außenwelt eine der hervorra-

---

De nombreuses définitions ont été données de la vérité ; on a prétendu qu'elle était ce qui est. Ce qui est, est aussi en vérité ; mais pour cela tout ce qui est ne m'est point connu comme une vérité ; il n'y a que ce qui m'est connu comme étant vraiment qui puisse être nommé vrai. J'ignore ce qui en dehors peut exister ou ne pas exister, quoique je puisse affirmer sous la forme d'une hypothèse, que, si cela existe, cela existe en vérité.

Une autre définition dit que la vérité consiste dans l'accord de la pensée avec son objet. Nos idées générales et abstraites ne s'accordent avec aucun objet. L'animal comme idée générale existe aussi peu comme objet que l'homme lorsqu'on le conçoit sous la forme d'une idée générale.

Il n'y a dans le monde extérieur ni points sans dimensions, ni lignes sans largeur et profondeur, et cependant l'accord de nos idées mathématiques avec les phénomènes

gendsten Errungenschaften der neueren Wissenschaften. So wie die statische und dynamische Physik und die Astronomie ihre große wissenschaftliche Tragweite in den mathematischen Begriffen finden, so hängt auch jede andere Wissenschaft ganz allein von der Bildung unserer allgemeinen und abstrakten Begriffe, ohne welche wir kein Objekt beurtheilen oder erkennen können, ab; trotzdem entspricht kein Objekt diesen Begriffen.

Wie können wir überhaupt zur Ueberzeugung gelangen, daß ein Objekt mit seinem Begriffe übereinstimmt? — Dadurch daß wir uns neuere und genauere Begriffe desselben bilden. Diese Begriffe bleiben aber derselben Regel unterworfen: wir erzielen die Erkenntniß eines Objektes nur durch die Vermittlung von Begriffen.

Wir bilden uns verschiedene Begriffe: concrete, allgemeine, abstrakte. Somit besteht und kann nothwendiger Weise die Wahrheit in nichts Anderem als in der Uebereinstimmung unserer Begriffe untereinander bestehen. Und

---

du monde extérieur est une des conquêtes les plus remarquables de la science moderne. Or, de la même manière que la statique, la dynamique et l'astronomie ne trouvent leur grande portée scientifique que dans les idées mathématiques, toutes les autres sciences n'acquièrent la leur que par la formation d'idées générales et abstraites, sans lesquelles nous ne pouvons émettre de jugement sur aucun objet, quoiqu'aucun objet ne réponde à ces idées.

Comment du reste pouvons-nous parvenir à la conviction qu'un objet s'accorde avec son idée? — En nous en formant des idées nouvelles et plus précises. Nous ne parvenons donc à la connaissance d'un objet que par l'intermédiaire d'idées.

Or, toutes nos idées se résument dans les trois espèces d'idées concrètes, générales, abstraites, la vérité ne peut donc consister que dans l'accord de nos idées entre elles. Tant que nous ne connaissons point cet accord, nous le recherchons. En d'autres termes, nous avons conscience

wir forschen und trachten nach dieser Uebereinstimmung so lange bis wir sie entdeckt haben. Wir werden uns unseres Nichtwissens bewußt und streben nach einer Erkenntniß, die unser Denken befriedigt.

Wir mögen diese Erkenntniß hinreichenden Grund oder Ursache, oder auch Substanz, Zahl, Form oder wie immer auch nennen, auf den Namen und das Wort kömmt es nicht an. Was wir suchen ist die Wahrheit, und diese Wahrheit besteht in der Uebereinstimmung all unserer Begriffe untereinander. So lange wir dieselbe durch die Bildung vollkommnerer Begriffe als jene die wir besitzen, nicht entdeckt haben, so lange suchen und forschen wir weiter. Nur durch die vollkommne Uebereinstimmung des Denkens mit sich selbst kann die vollkommne Wahrheit entdeckt werden.

An und für sich ist jeder Begriff, insofern er nicht anders ist als er ist, w a h r. In dieser allgemeinen Form aber bleibt jeder Begriff, welch immer er auch sein mag, unverständlich und unerkennbar. Seinen Inhalt und seinen Werth sowie seine Tragweite können wir nur durch dessen Beziehungen zu anderen Begriffen ermessen, und ihre Uebercin-

---

de notre ignorance et nous nous efforçons d'atteindre une connaissance telle qu'elle puisse satisfaire notre pensée. Que nous appellions cette connaissance raison ou cause, ou bien substance, nombre, forme, le nom que nous lui donnerons importe peu. Ce que nous cherchons est la vérité, et cette vérité consiste dans l'accord de nos idées entre elles; tant que nous ne l'aurons point découverte au moyen d'idées plus complètes que celles que nous possédons, nous continuerons à les rechercher. Ce n'est que par l'accord complet de la pensée avec elle-même que la vérité parfaite peut être découverte.

En un sens chaque idée est vraie en tant qu'elle est telle qu'elle est. Mais sous cette forme générale chaque idée, quelle qu'elle soit, nous reste inintelligible. Nous ne pouvons parvenir à nous rendre compte de son contenu, de sa valeur et de sa portée que par ses rapports avec d'autres idées,

stimmung untereinander kann uns allein von deren Wahrheit überzeugen.

Auf diese Weise bilden wir nicht allein unsere praktischen
Erkenntnisse, sondern auch alle Wissenschaften. Die verschiedenen Wissenschaften bestehen in nichts Anderem als in einer
erkannten Uebereinstimmung bestimmter Begriffe untereinander.

Jede Wissenschaft ist die Zusammenstellung aller Begriffe
aus welcher sie hervorgegangen in ihrer besonderen Uebereinstimmung untereinander. So wurden die Mathematik, die
Astronomie, Physik, Chimie u. s. w. schon in ihrer spon-
tanen und natürlichen Entwicklung von einander geschieden.
Und jeder Theil einer Wissenschaft unterscheidet sich abermals von dem anderen Theile je nach den innigeren Uebereinstimmungen die wir unter den Begriffen, aus denen er
besteht, entdecken.

So theilen wir die Mathematik in Arithmetik, Geometrie, Algebra, Trigometrie, u. s. w. ein; die Astronomie
in physische und mathematische Sternlehre; die Physik in
statische und dynamische u. s. w.

---

dont l'accord entre elles peut seul nous convaincre de sa vérité.

De cette façon nous formons non seulement nos connaissances pratiques mais encore toutes les sciences. Les différentes sciences ne consistent que dans l'accord reconnu
entre des idées déterminées.

Chaque science est la coordination de toutes les idées
qui s'y rapportent dans leur accord particulier entre elles.
De cette manière les mathématiques, l'astronomie, la physique, la chimie ont été distinguées les unes des autres
dans leur formation et leur développement. Et chaque partie d'une science se distingue de ses autres parties par
l'accord plus intime que nous découvrons entre les idées
qui la composent.

Nous divisons les mathématiques en arithmétique, géométrie, algèbre, trigonométrie, etc., etc. L'astronomie en
astronomie physique et astronomie mathématique, la physique en statique, dynamique, etc.

Und in entgegengeſetzter Weiſe können auch verſchiedene Wiſſenſchaften in eine Einzige zuſammengefaßt werden, wenn wir eine höhere Uebereinſtimmung ihrer Begriffe untereinander entdecken. So wurde z. B. die analytiſche Geometrie durch die Uebereinſtimmung der algebriſchen und geometriſchen Größen entdeckt. Und die Aſtronomie, die Phyſik und die Chimie können ebenfalls in eine einzige Wiſſenſchaft vereint werden, wenn wir die allgemeinen Kräfte der Erſteren mit den Moleculärkräften der Letzteren in Uebereinſtimmung bringen könnten

Gehen wir von der allgemeinen Bildung der Wiſſenſchaften überhaupt zu den einzelnen Fortſchritten und Entdeckungen über, ſo ſtoßen wir auf daſſelbe Denkgeſetz.

Das Eis gibt uns, ſagten wir, die Empfindung der Kälte, und wir machen aus dem Eiſe die Urſache und aus der empfundenen Kälte die Wirkung derſelben. Dieſe Erklärung aber iſt ſo wenig wiſſenſchaftlich, daß der Satz ein einfach beſchreibender Satz iſt und bleibt. Forſchen wir hingegen nach dem hinreichenden Grunde, warum das Eis

Par contre des sciences différentes peuvent être réunies en une science unique, si nous découvrons un accord supérieur entre les idées dont elles sont formées. C'est ainsi, par exemple, que la géométrie analytique a été créée par l'accord qu'on a découvert entre les quantités algébriques et les grandeurs géométriques. L'astronomie, la physique, la chimie pourraient de même être coordonnées en une science unique, si nous découvrions l'accord qui existe entre les forces générales des premières et les forces moléculaires de la dernière.

La même loi intellectuelle s'impose lorsque de l'analyse générale des sciences nous passons à l'étude de leurs découvertes et de leurs progrès particuliers.

La glace nous donne la sensation de froid, et nous transformons la glace en une cause du froid éprouvé. Cette explication est cependant si peu scientifique que la proposition n'est que simplement descriptive. Si nous recherchons

uns die Empfindung der Kälte gibt, so trachten wir nothwendiger Weise nach der Bildung eines dritten Begriffes
der ihre Uebereinstimmung untereinander erklärt, und sowohl
den Begriff der empfundenen Kälte als auch das Dasein
des Eises als durch die Kälte erstarrtes Wasser in sich
schließt.

Wir bilden uns einen allgemeineren und höheren Begriff
von der Kälte überhaupt aus ihren verschiedenen und vielfältigen Erscheinungen.

Als Ursache ist dieser Begriff jedoch nur eine Verallge-
meinerung der zuerst empfundenen Wirkung. Die beiden
Begriffe von Eis und Kälte erhalten dagegen durch die
Uebereinstimmung, welche ihnen durch einen dritten und
höheren Begriff gegeben wird, ihren hinreichenden Grund
und eine weitertragende Erklärung als durch die einfache
Beschreibung.

Forschen wir weiter und suchen wir abermals nach der
Uebereinstimmung der erkannten Erscheinungen der Kälte
untereinander so entdecken wir ihren engen Zusammenhang
mit den Erscheinungen der Hitze, und bilden uns den Be-

---

au contraire la raison suffisante pourquoi la glace nous
donne la sensation de froid, nous nous formons nécessairement une troisième idée qui nous donne à la fois l'accord
entre la sensation de froid et l'existence de la glace, produit de la congellation de l'eau. Nous nous formons une
notion plus élevée du froid en général, laquelle comprend
des phénomènes multiples, divers.

En tant que cause cette notion n'est qu'une généralisation
de la sensation du froid éprouvé, mais les deux idées de
froid et de glace reçoivent par la formation de la notion
du phénomène général du froid, une raison, une explication
plus étendue.

Si nous persistons dans nos recherches en voulant découvrir l'accord qui existe entre les phénomènes multiples
et divers du froid, nous percevons leur liaison avec les

griff der Wärme überhaupt, als Begriff einer noch allgemeineren und höheren Naturkraft welche uns zugleich die Uebereinstimmung aller Erscheinungen der Kälte und Hitze erklärt xc.
Und nach welcher Richtung hin wir auch unsere wissenschaftlichen Fortschritte und Entdeckungen verfolgen mögen,
nie werden wir und nie können wir auf ein anderes Denkgesetz stoßen. Die in ihrem Zusammenhang gegebenen
Erscheinungen oder Begriffe können nur durch die Bildung
neuerer und höherer Begriffe welche die gegebenen Erscheinungen
oder Begriffe in sich schließen erkannt d. h. in ihrer Uebereinstimmung erfaßt werden.

Eigentlich ist das Streben nach der Erkenntniß einer,
ihrer Wirkung verschiedenen Ursache, ein unsere Kräfte über-
steigendes Trachten. Wir wissen nicht w i e etwas besteht,
und wir wollen ergründen w a r u m es besteht. Unsinniges
Streben nach dem Unbekannten, da wir doch nur fähig
sind das Bestehende als solches zu erkennen.

Die Nothwendigkeit der Entdeckung einer höheren Ueber-

---

phénomènes du chaud et nous nous formons la notion d'une
force naturelle plus élevée et plus générale encore, celle
de la chaleur, etc. De quelque côté que nous examinions
les progrès continus et les découvertes incessantes des
sciences, nous rencontrons toujours la même loi intellectuelle.
Nous ne pouvons découvrir l'accord qui existe entre des
idées ou des phénomènes que nous concevons en liaison
entre eux que par la formation d'idées nouvelles et plus
élevées, qui impliquent l'existence des phénomènes ou des
idées donnés.

La découverte d'une cause différente de ses effets dépasse
notre puissance intellectuelle.

Nous ignorons *comment* une chose existe et nous prétendons découvrir *pourquoi* elle existe.

Recherche insensée de l'inconnu; car nos facultés de connaissance se bornent à parvenir à la science des choses
telles qu'elles sont.

La nécessité de la découverte d'un accord plus élevé de

einstimmung unserer gebildeten Begriffe und errungenen Erkenntnisse durch die Bildung neuerer, höherer und umfassenderer Begriffe ist schließlich die Antwort auf die von der Akademie gestellten Preis=Frage.

1) Das unserem Denken angeborene Bedürfniß der Erkenntniß, d. h. der Uebereinstimmung unserer gebildeten Begriffe untereinander, ist der Ursprung des Prinzipes des hinreichenden Grundes in seinem allgemeinen Sinn und seiner größten Tragweite. Es ist der Ausdruck des zum Bewußtsein gelangten Bedürfnisses den Zusammenhang gegebener Begriffe durch neuere und vollkommnere Begriffe zu entdecken. Das sogenannte Kausalitätsgesetz ist nur eine Folge und eine unvollkommne Anwendung dieses Bewußtseins.

2) Wenn aber das Prinzip wie das Gesetz nicht in einem ihrem Ursprunge gemäßen Sinn aufgefaßt und angewendet werden, so kann weder eine höhere Erkenntniß noch eine Uebereinstimmung unserer Begriffe untereinander, noch auch das Bewußtsein der Erkenntniß der Wahrheit daraus erwachsen, denn an und für sich belehrt uns weder das

---

nos idées formées ou de nos connaissances acquises par la formation d'idées supérieures et à contenu plus étendu est, en dernière analyse, la réponse à la question mise au concours par l'Académie :

1° Le besoin inné de notre pensée de concevoir l'accord de nos idées entre elles est la source du principe de la raison suffisante considéré dans son sens le plus étendu et dans sa plus grande portée. Le principe est l'expression de ce besoin parvenu à l'état de conscience, l'expression du devoir de nous rendre compte de la liaison entre nos idées par la découverte d'idées nouvelles et plus complètes.

La loi dite de causalité n'en est qu'une conséquence et une application imparfaite.

2° Si la loi ainsi que le principe ne sont pas conçus et appliqués dans un sens conforme à leur origine, aucune connaissance supérieure ni aucun accord plus élevé de nos idées, ni la conscience de la vérité ne peuvent en surgir,

eine noch das andere über irgend welchen Grund noch irgend welche Ursache.

3) Daher die volle wissenschaftliche Bedeutung des Prinzipes: daß wenn der entdeckte Grund auch verschieden und entfernt von den gegebenen Begriffen gedacht werden und hinreichend erscheinen kann, der wahre Grund warum Etwas ist sowie es ist, dennoch nur in dem gegebenen Objekte als solcher erkannt werden muß und die vollkommnere Erkenntniß desselben nur in der vollkommneren Uebereinstimmung des Denkens mit sich selbst gefunden werden kann.

4) Alle unsere Kenntnisse beginnen mit der Bildung der concreten Begriffe die, weil von unseren Sinnesempfindungen erzeugt, die verschiedenartigsten und Inhaltsvollsten sind. Den Zusammenhang der unter denselben besteht, erkennen wir aber nur durch die Bildung allgemeiner Begriffe aus denen unsere beschreibenden und später unsere classificirenden Wissenschaften entstanden sind, welche alle durch die Uebereinstimmung ihrer allgemeinen Begriffe mit

---

car par eux-mêmes le principe ainsi que la loi ne nous enseignent n'importe quelle raison ou cause.

3° D'où la grande portée scientifique du principe : si une raison en tant que cause peut-être conçue comme étant lointaine ou différente des idées ou des phénomènes donnés, la raison véritable pourquoi une chose est telle qu'elle est et non pas autrement ne peut être découverte que dans les données mêmes, et leur connaissance parfaite ne peut être acquise que par l'accord de la pensée avec elle-même.

4° Toutes nos connaissances commencent par la formation d'idées concrètes lesquelles, étant le produit de nos sensations, sont les plus diverses, les plus multiples, les plus riches en contenu. Leurs liaisons ne nous sont révélées que par la formation d'idées générales, lesquelles engendrent nos sciences qui procèdent par la description ou la classification de leur objet, et nous donnent la conscience de l'accord relatif de nos idées générales et de nos idées con-

ben concreten das ihnen entsprechende Bewußtsein der Wahrheit in uns wecken.

In diesem Sinne und nur in diesem Sinne allein kann man behaupten, daß die Wahrheit in der Uebereinstimmung des Erkannten mit seinem Objekte liegt. Allerdings relative Wahrheit, da ja nie ein allgemeiner Begriff mit den concreten genau übereinstimmt. Die allgemeinen sowie die concreten Begriffe sind mithin weit entfernt unser Denken in seinem angeborenen Bedürfniß nach einer vollkommenen Uebereinstimmung zu befriedigen.

Daher 5) die Nothwendigkeit eines höheren Forschens, die Nothwendigkeit sich abstrakte und absolute Begriffe zu bilden und nach ihrer Uebereinstimmung mit den allgemeinen und concreten zu suchen. Zwar stimmen unsere abstrakten Begriffe scheinbar noch weniger als die allgemeinen mit den concreten Begriffen überein. Die abstrakten Begriffe sind an und für sich nur Ausdrucksformen unseres reinen Denkens; mithin sind dieselben aber auch die Ausdrucksformen unserer Denkgesetze überhaupt, und diese beherrschen in evi-

crètes en éveillant en nous la conscience d'une vérité qui répond exactement à cet accord.

En ce sens, et en ce sens seulement on peut prétendre que la vérité consiste dans l'accord de la pensée avec son objet. Vérité relative, car jamais une idée générale ne s'accorde complètement avec des idées concrètes. Les idées générales et les idées concrètes ne sauraient donc satisfaire le besoin inné de notre pensée d'un accord parfait avec elle-même.

5° C'est ce besoin qui conduit la pensée à la réflexion de ses actes propres, à la formation des idées abstraites et à la recherche de leur accord avec les idées générales et les idées concrètes. En apparence les idées abstraites s'accordent encore moins avec ces dernières que les idées générales. Elles ne sont par elles-mêmes que l'expression des actes de notre pensée pure, mais par cela aussi elles sont l'expression des lois qui la régissent, lois qui dominent d'une

beuter und vollkommner Weise alles Gedachte und alles
Denkbare. Nicht nach der Uebereinstimmung unserer abstrakten Begriffe mit den concreten und allgemeinen sollen
wir also forschen, sondern nach der Uebereinstimmung unserer Denkgesetze mit den Gesetzen welche die äußere Welt
beherrschen. Nur die Erkenntniß ihrer vollkommnen Uebereinstimmung kann uns zu der höchsten Wahrheit und zu
dem größten Wissen führen. In den mechanischen, physischen und astronomischen Wissenschaften hat man solch
vollkommnes Uebereinstimmen unseres mathematischen Denkens mit den concreten Erscheinungen theilweise entdeckt.
Erkenntniß, die jedoch nur durch die Entdeckung der Gesetze,
welche sowohl all unser Denken als auch alle Erscheinungen
beherrschen, zu einer reellen, vollkommnen Wissenschaft führen
kann: nämlich die Entdeckung der Weltgesetze, welche nicht
mehr die *ratio sufficiens*, sondern die *ratio* selbst sind.

---

façon évidente et complète toute chose pensée, toute chose
imaginable. Ce n'est point l'accord de nos idées abstraites
avec nos idées générales et concrètes que nous devons par
suite rechercher, mais l'accord des lois qui régissent à la fois
notre pensée et le monde extérieur. La découverte de
leur accord parfait peut seule nous donner une science
parfaite et la plus haute vérité possible. Dans les sciences
de la mécanique, de la physique et de l'astronomie, nous
avons déjà découvert partiellement cet accord; mais ces
connaissances ne sauraient devenir une science parfaite que
par la découverte des lois qui régissent aussi bien tous les
phénomènes de notre être propre que ceux de l'univers;
lois qui ne sont plus la *raison suffisante* mais la *raison même*.

MÉMOIRE

LU A L'ACADÉMIE DES SCIENCES MORALES ET POLITIQUES

le 28 février 1885.

L'ESPRIT DES DÉCOUVERTES ET DES INVENTIONS

DANS LES SCIENCES EXACTES

D'APRÈS ARISTOTE ET DESCARTES.

MESSIEURS,

La méthode, la doctrine, le génie d'Aristote semblent grandir à mesure que nous nous éloignons de l'époque où l'on professait un fétichisme aveugle pour chaque parole du grand penseur. M. Barthelémy St.-Hilaire vous en a donné, il y a peu de temps, un exemple saisissant. Longtemps on resta sans comprendre l'Histoire des animaux ; il fallut Buffon et Cuvier pour en faire apprécier les mérites. Le premier, par l'élégance de son style comme par la finesse de ses observations paraissait l'opposé du péripatéticien, qui expose sa doctrine en quelque sorte comme les peuples héroïques construisent leurs cités, en blocs cyclopéens; il trouve cependant que l'Histoire naturelle du stagirite était ce que l'esprit humain avait produit jusque-là de plus parfait. Le second, par la nature de son génie plus rapproché de la pénétrante pensée de son modèle, va plus loin encore : à ses yeux on ne peut lire l'œuvre d'Aristote sans être saisi d'étonnement, et sa classification lui paraît tellement achevée qu'elle ne laisse que peu de choses à faire. [1]

---

[1] Préface de la traduction de l'Histoire des animaux d'Aristote par Barthelémy St.-Hilaire.

Vingt siècles d'obscurité et de tâtonnements ont succédé à l'enseignement du stagirite, alors que sa doctrine était acceptée, admirée à l'égal de l'Evangile ; ce n'est que lorsque cette naïve admiration eut disparu que l'on parvint à rendre justice à la grandeur de son génie, à l'étendue de ses connaissances.

Les expressions dont Aristote se sert dans l'exposé de son vaste système, et dont la plupart sont restées dans la langue philosophique, paraissent tantôt claires et lumineuses, tantôt confuses, inintelligibles. Elles ont changé en un sens, elles n'ont point changé en un autre : leur portée est restée la même dans leurs rapports avec les phénomènes de la pensée, qui sont pour nous ce qu'ils furent pour lui, tandis qu'elle est devenue différente dans leurs rapports avec la science des choses, qui s'est tant modifiée depuis l'antiquité. Il importe, Messieurs, de distinguer dans la question que je me propose de traiter devant vous, comme dans les citations que je me permettrai de faire, ce double sens et cette double portée.

Ils nous expliquent comment pendant des siècles on a pu suivre et admirer Aristote tout en l'interprétant mal, tandis que dans les temps modernes où on ne le suit plus, on le comprend mieux, parce que l'on s'est habitué à pénétrer plus avant au fond des choses.

Ils nous expliquent en outre comment, en prenant les expressions aristotéliciennes tantôt dans leur sens purement intellectuel, tantôt dans leurs rapports avec les connaissances de l'époque, la découverte, sa démonstration, ses principes, ses règles renferment une part éclatante de vérité justifiée par l'expérience des sciences modernes, et une part d'illusions qui répond exactement à la science acquise par l'antiquité. Je commence par les examiner dans leur portée purement intellectuelle.

„Le nécessaire, dit Aristote, dans le Vme livre „des dernières analytiques, c'est l'Universel, et „l'Universel n'existe qu'à la condition d'être démontré „d'un objet quelconque dans le genre dont il s'agit „et primitif dans ce genre." [1]

Quant à ces idées universelles nécessaires, comment se forment-elles?

„Au moment, nous répond-il, où l'une de ces „idées sans différences entre elles vient s'arrêter „dans l'âme, l'âme a l'Universel "

On a bien discuté sur ces deux célèbres passages. Sous une autre forme on discute encore sur leur sens véritable.

Quelle en est la vraie portée, au point de vue des phénomènes de notre intelligence?

„Valoir deux angles droits, n'est pas universel à „la figure, nous dit le stagirite, bien qu'on puisse „démontrer d'une figure qu'elle vaut deux angles „droits, mais ce n'est pas d'une figure quelconque; „et de plus quand on démontre on ne prend pas „non plus une figure quelconque, attendu que le „quadrilatère qui est bien aussi une figure, n'a „pourtant pas la somme de ses angles égale à deux „droits. Au contraire, un isocèle a bien ses angles „égaux à deux droits, mais l'isocèle n'est pas le „primitif, car le triangle a une signification plus „étendue." [2]

---

1) Analyt. post. lib. **V** cap. IV. 2.
2)   Ibid.   lib. **II** cap. XV, 6. 7.

Il semble, par cet exemple, qu'Aristote, ainsi que Descartes le fera plus tard, ait déjà pris dans les mathématiques, non seulement ses évidences premières, mais encore le point de départ de sa doctrine. Dans les mathématiques, en effet, nous pouvons prendre au pied de la lettre les expressions qu'il emploie, les définitions qu'il donne du nécessaire et de l'universel, du primitif du genre et des idées sans différences entre elles ; elles se trouvent éclatantes d'évidence.

Si considérables qu'aient été les progrès des mathématiques, jamais dans leurs découvertes elles ne sont sorties du primitif du genre, qui seul démontre. L'égalité des angles à deux droits est vraie pour tout triangle, l'égalité de deux isocèles qui ont un angle et un côté égaux vaut pour tout isocèle, de même l'identité du rapport entre le diamètre et la circonférence exprimé par le nombre π vaut pour tout cercle quel qu'il soit. Et non seulement dans les mathématiques toute démonstration se rapporte nécessairement au primitif du genre dont il s'agit et se trouve universellement vraie, mais elle est encore fondée sur des idées sans différences entre elles. On n'y peut additionner, multiplier, diviser que des grandeurs de même ordre ; l'espace situé d'un côté d'une ligne droite et celui que mesurent les angles d'un triangle est identique ; l'unité supposée de distances infiniment petites pour découvrir le rapport du diamètre à la circonférence et formuler le nombre π est la même.

Cet accord entre les démonstrations et les découvertes des mathématiques et les termes employés par Aristote est trop complet pour qu'il puisse être dû à un simple hasard.

Suivons Aristote maintenant dans l'application qu'il en fait aux choses du monde extérieur et à la science qu'il en possédait.

La forme, le sens, les expressions, rien ne change dans le langage, et cependant le grand penseur paraît nous devenir de plus en plus incompréhensible.

„Une proposition n'est démontrée, nous dit-il, „que quand elle l'est par son essence, qui est ce „qu'est propre ..nt un être, sa forme substantielle ; „et il y a forme substantielle pour toutes les choses „dont la notion est une définition“.[1]) „La défini-„tion“, je continue les citations, „est une expres-„sion désignant un objet premier, et par objet „premier, j'entends tout objet qui dans sa notion, „n'est point rapporté à un autre. Il n'y aura donc „point de formes substantielles pour d'autres êtres „que pour les espèces dans le genre, seules elles „auront ce privilége. Pour tous les autres êtres, il „n'y a ni définitions ni formes substantielles“.[2]) „Le premier genre est animal, le suivant animal à „deux pieds, un autre animal à deux pieds, sans „plumes. Or cela étant ainsi, il est évident que la „dernière différence doit être l'essence de l'objet et „sa définition“.[3])

Revenons au triangle : le premier genre. est la figure, non pas une figure quelconque, mais la figure géométrique ; le suivant une figure à côtés droits, un autre la figure à trois côtés. Or, cela étant, il est évident que la dernière différence doit

---

1) Métaphys. lib. VI, cap. IV 6.
2) Ibis.   lib. VII, cap. IV.
3) Ibid.   lib. VII, cap. XII.

être l'essence de la figure donnée et sa définition.
La dernière différence et sa définition constituent
vraiment la forme essentielle de chaque figure géométrique. L'analogie est complète. Comment Aristote a-t-il pu en faire la forme substantielle de tous
les êtres ? Comment a-t-il pu confondre les formes
idéales de la Géométrie avec les idées d'espèces et
de genres, représentant dans notre esprit les formes
purement générales des êtres ?

Nous pourrions recourir aux idées de Platon, son
illustre maître, ou bien au génie grec si merveilleuse-
ment plastique, pour nous rendre compte que des notions aussi différentes que les idées abstraites des
mathématiques et les idées générales pouvaient paraître aux penseurs de la Grèce comme ayant une
portée objective également éclatante de justesse.
La façon vivante et forte de voir, de comprendre
les objets dans leurs grandes lignes, qui fut la
gloire des Phidias et des Sophocle, nous explique-
rait au besoin l'illusion des Platon et des Aristote.

Ainsi, pour ne prendre qu'un exemple, nous
voyons dix, vingt, mille hommes ; ce nombre ne représente pas pour le stagirite la seule et même
idée „homme“, conçue au pluriel, mais *autant
d'idées sans différences entre elles.* Ce n'est point le
simple rapport, de ressemblance si l'on veut, entre
des êtres particuliers qu'il perçoit, mais autant
d'êtres *hommes* qu'il voit en réalité. Il nous l'assure
en termes formels : „Telle forme générale qui se
réalise dans tels os, dans telle chair, voilà Socrate et Callias“. [1]) Ainsi les vingt mille hommes

---

1) Métaphys. lib. VII, cap. VIII.

représentent pour lui autant de formes générales réalisées dans tels os, dans telles chairs.

De cette manière plastique de concevoir nos idées générales il est une seconde raison plus simple, sans que la précédente soit moins vraie. La Grèce ne connaissait aucune des lois des grandes forces de la nature : leurs phénomènes infinis, toujours changeants et variables continuaient à rester le monde emporté du mouvement continuel d'Héraclite, „le toujours autre“ de Platon, celui de „la matière sans forme“ de Mélissus et du grand stagirite. Il en résulta forcément, ne pouvant percevoir quelque régularité dans les phénomènes des forces naturelles, qu'Aristote crut découvrir le plus sincèrement du monde dans l'uniformité et la constance des espèces et dans leur définition, non seulement des formes essentielles comme dans les mathématiques, mais encore des formes réellement substantielles, en même temps que le secret de la nature des choses.

Aussi quelle ardeur met-il dans ses recherches ! Alexandre lui envoie de toutes les parties du monde connu des sujets pour ses études ; il pratique l'anatomie, découvre la physiologie en même temps qu'il fixe les règles de la démonstration et de la découverte. Ainsi surgirent ses deux grandes œuvres, la Logique et l'Histoire naturelle, qui pendant plus de deux mille ans dominèrent la pensée humaine et sont restées vivantes jusqu'à nos jours. Dans le syllogisme, il distingue toutes les nuances et toutes les formes, précise chaque terme, détermine chacun de leurs rapports ; dans la zoologie il donne des descriptions non moins minutieuses et distingue,

autant que les moyens acquis le lui permettent,
avec le plus grand soin les particularités de chaque
espèce dans le genre auquel elle appartient, croyant
dans l'un comme dans l'autre cas enseigner les
formes substantielles et donner la définition essentielle des choses. „Nous avons établi, nous dit-il,
„que la femelle et le mâle sont les principes et les
„auteurs de la génération, nous avons en outre
„expliqué quelle est la fonction de chacun d'eux
„et quelle est leur définition essentielle".[1]) — Il
détermine en outre les genres communs aux espèces, les définit à leur tour par leurs caractères
généraux et donne le premier exemple des classifications naturelles, qui immortaliseront les noms
de Jussieu et de Cuvier. Enfin, toutes les formes
essentielles, comme dans les mathématiques, étant
nécessaires éternelles ; „au point de vue de l'espèce", l'éternité lui paraît encore possible ; „car
„c'est ainsi, dit-il, que se perpétuent à jamais les
„hommes, les animaux, les plantes".[2])

Je passe rapidement ces considérations. M. Barthelémy St. Hilaire les a exposées devant vous, dans
cette même enceinte, avec une autorité qui me
manque. Mais il reste une question du plus haut
intérêt à résoudre, question qui apparaît d'autant
plus obscure que sa portée scientifique est plus profonde : jusqu'à quel point Aristote s'est-il trompé
en confondant les espèces dans le genre et les
formes substantielles des êtres, et comment, malgré
son erreur, a-t-il pu faire faire des progrès aussi

---

1) La préface de M. Barthelémy St. Hilaire. Traduction de l'Histoire
des animaux.

2) Ibid.

considérables à la science de la pensée et à la science de la nature.

Sa confusion fut complète ! Elle fut telle, en effet, qu'elle empêcha Aristote ainsi que ses innombrables disciples du moyen-âge, de vaincre les difficultés qu'elle renfermait.

D'abord il n'existe point dans la nature de formes portant les mêmes caractères que les formes essentielles des mathématiques. Il n'y a point, comme le croit le grand penseur, de démonstration emportant nécessité et universalité pour les espèces et leurs formes substantielles, par la raison que la moindre sous-espèce, la variété la plus chétive, met la forme aussi bien que le genre en doute. La même objection qu'il fait aux disciples de Platon, à Speusippe, à ses rivaux de l'Académie, renaît pour chacun de ses genres, chacune de ses espèces. „Si l'animal en soi, reproche-t-il à ses adversaires, „participe de l'animal qui n'a que deux pieds et de „celui qui en a un plus grand nombre, il en résulte „une impossibilité, le même être un et déterminé „réunirait à la fois les contraires“.[1]) Paroles qui sont non moins vraies pour toutes les espèces se subdivisant en sous-espèces, que pour toutes celles qui ne forment que des transitions entre des genres distincts. Pour toutes, le primitif du genre dont il s'agit renferme des contraires.

Autre chose sont évidemment les règles suivant lesquelles nous acquérons la connaissance la plus exacte des espèces et de leur genre ; autre chose est cette connaissance considérée comme représentant leurs formes substantielles. En vain,

---

1) Métaphys. lib. VIII, cap. XX, 8.

Albert-le-Grand, Duns Scott, St. Thomas, Abeilard
s'efforcèrent d'approfondir et de trancher la difficulté ; en vain les écoles des nominalistes, des
réalistes, et celle des conceptualistes qui s'imaginèrent avoir trouvé un terme moyen, se léguèrent
leurs disputes de génération en génération ; la difficulté de déterminer l'essence formelle d'un être
resta aussi insurmontable que celle de définir la
portée vraie d'un mot ou d'un concept désignant
son espèce ou son genre.

Des tentatives infructueuses, des luttes interminables remplirent l'histoire de la philosophie du
Moyen-âge et de la Renaissance ; jusqu'au moment où
Bacon crut devoir briser avec Aristote et sa docte
cabale. Il en appela à l'expérience, invoqua les
grands progrès accomplis depuis deux siècles dans
les sciences et dans la connaissance du monde et
déclara que pour sortir des ténèbres dans lesquelles
la philosophie restait plongée, elle devait chercher
à découvrir les natures simples, sources et causes
des natures complexes et insaisissables des espèces.
„Les espèces, dit-il, telles que nous les trouvons
„aujourd'hui multipliées par leurs combinaisons et
„leurs transformations sont tellement croisées ou
„mêlées les unes aux autres, qu'il faut ou renoncer
„à toutes les recherches dont elles sont l'objet ou
„les remettre à un autre temps et attendre pour le
„faire que les formes des natures simples aient été
„examinées et soient parfaitement connues".[1]

L'école sensualiste et prétendue expérimentale
fit dans la suite, de l'espérance du chancelier une
révolution dans l'histoire de la pensée humaine.

---

[1] Dignit. et accroiss. des sciences lis. III, p. 230.

Elle n'observa point qu'en réalité Bacon n'avait fait qu'obéir à la première règle de la démonstration d'Aristote qui recommande de découvrir le primitif du genre dont il s'agit. Les formes des natures simples n'apparurent en effet au chancelier que comme le primitif, le principe, ainsi que s'exprime encore Aristote, des natures composées et complexes. L'école ne comprit pas davantage qu'en se servant de l'expression de formes, le chancelier continuait à obéir à la pensée du grand maitre, contre lequel il n'avait pas assez d'invectives. „Doux, „rare, chaud, froid, pesant, léger, pneumatique, vo-„latil et autres semblables manières d'être...... con-„stituent les formes premières de toutes les substances „et leur servent de base comme les lettres de l'al-„phabet qui servent au langage", [1] s'écrie-t-il ! Enfin, l'aveuglement de l'école dépassa les bornes cependant si larges de la philosophie, en ne voyant pas que le chancelier du roi d'Angleterre, absolument comme le maitre d'Alexandre, se figurait pouvoir découvrir la science des formes simples dans leur analyse et leur définition; péniblement, lourdement il s'efforçait de discerner et de déterminer les phé- nomènes du froid et ceux du chaud en remontant, toujours comme Aristote, à leur genre supérieur, le mouvement.

Le péripatéticien avait commis la faute de trans- porter les caractères des formes géométriques dans le monde extérieur. Le chancelier, sans en com- prendre la raison, suivit son exemple et crut que c'était dans ce même monde extérieur qu'il fallait découvrir les formes simples des formes composées

---

1) Dignit. et accroiss. des sciences liv. III, p. 230.

et complexes ; il ne sortit point de l'interprétation aristotélicienne.

Descartes entra dans une voie plus heureuse ; soulevant de sa main puissante le monde de désordre et d'anarchie intellectuelle de la spéculation de son temps, il vit avec une sûreté d'esprit incomparable, que ce n'était point dans l'univers extérieur qu'il fallait chercher la cause des illusions de la pensée humaine, mais dans cette même pensée. Il découvrit que l'espérance et l'avenir de la science ne consistaient point dans la définition des natures simples, mais bien au contraire dans celle des idées simples, source première de toute certitude. Et, pénétrant davantage la grande pensée d'Aristote, il s'attacha non plus aux démonstrations géométriques, mais à l'évidence propre à toutes les notions des mathématiques. Mais si Descartes dévoila à ses contemporains étonnés les fondements de la raison humaine par l'évidence des idées simples, il fit aussi, par l'admirable exposé de sa méthode, complètement oublier celle du péripatéticien.

Cette dernière renfermait pourtant elle aussi des idées simples, puisqu'elles sont propres à la raison humaine et si nous remontons à celle qui servit de fondement aussi bien au primitif du genre qu'aux essences formelles, aux idées sans différences entre elles de même qu'aux formes substantielles, nous découvrons que ce fut l'idée de cause. „L'essence „c'est la cause", nous dit Aristote, à maintes reprises ; „la science ne procède que par la décou-„verte des causes".[1]

Malheureusement, en appliquant l'idée de cause

---

[1] Analyt. post. lib. I, cap. IV, 5, 12.

à l'exemple qu'il nous donne de la démonstration
des formes essentielles en géométrie, nous nous
apercevons que si l'égalité des angles à deux droits
vaut pour le triangle, cette égalité peut être la
raison suffisante pour laquelle la figure est un
triangle, mais qu'elle n'en est pas la cause.

Qu'est-ce que la raison suffisante ? Qu'est-ce que
la cause ? Laquelle est la véritable idée simple ?
Laquelle dérive de l'autre ?

Les deux idées donnent naissance à deux formules également évidentes, nécessaires, universelles.
Point d'effet sans cause, dit l'axiome de causalité ;
rien n'est sans une raison suffisante pourquoi cela est
ou n'est pas tel que c'est, dit le principe de la
raison suffisante. Les deux lois semblent exprimer
une évidence spontanée semblable et cependant,
appliquées, comme nous venons de le faire aux propriétés du triangle, leur sens est différent.

Si nous les appliquons à toutes choses la même
difficulté reparaît. Toutes celles qui existent supposent une raison suffisante pourquoi elles existent
telles qu'elles sont. D'un autre côté, chaque effet
suppose une cause qui le fait devenir tel qu'il est,
et celle-là une autre cause qui la fait devenir à
son tour, ainsi sans termes ni fin.

Nous voilà, si nous prenons les deux expressions
de cause et de raison suffisante dans le même sens
et si nous les envisageons de la même manière, en
présence d'une de ces antinomies qui rendirent célèbre le philosophe de Kœnigsberg. Serait-ce en
obéissant aux exemples et à l'enseignement d'un
Descartes et d'un Aristote que nous y serions
arrivés ?

Dans le doute, dit-on, le sage s'abstient ; le prudent s'informe. Il en est des doctrines en philosophie comme des armoiries en héraldique, il y a des armes à enquérir.

Nous nous sommes convaincus que les substances formelles étaient insaisissables dans la nature des choses ; nous avons observé en outre que les essences formelles n'étaient applicables qu'aux sciences mathématiques, ainsi que le primitif du genre et les idées sans différence entre elles ; et, en recherchant, suivant Descartes, la pensée simple, évidente par elle-même qui a servi de fondement à la doctrine d'Aristote, nous avons rencontré une contradiction apparente entre les deux axiomes, de même qu'entre les deux idées simples de la raison suffisante et de la cause.

Lorsque j'affirmais que toutes choses aussi bien que leur ensemble supposaient une raison suffisante de leur existence, je ne sortais pas des choses et de l'ensemble que je pensais. Mais quand je remontais la série des effets et des causes dans leur enchaînement dans le temps, je dépassais évidemment la somme des effets que je pensais en réalité. Que je calcule, comme Elie de Beaumont, les siècles qu'a duré le refroidissement terrestre, que je suppute même les milliards d'années que le globe a employé pour se former dans la nébuleuse solaire, au delà commencera l'inconnu, et, si je veux continuer, je finis forcément par appliquer la loi intellectuelle à des actes intellectuels sans objet. Ainsi dans le premier cas, j'applique une loi de mon intelligence à des objets, à des choses que je pense réellement, et dans le second je l'applique aux

propres actes de mon intelligence. Le sens n'est
pas le même ; le premier suppose le contenu de
mes idées ; le second celui de mes actes intellectuels. Dans l'un je recherche l'accord de ma pensée
avec elle-même, dans l'autre celui de mes idées
entre elles. Les deux procédés diffèrent du tout au
tout ; la contradiction entre eux ne surgit que lorsque je les envisage, à tort, dans le même sens et
de la même manière.

Aristote a commis la même faute, mais il s'en
est rendu parfaitement compte, par la diversité
même des expressions qu'il employa ; le primitif du
genre dont il s'agit d'une part, les idées sans différences entre elles de l'autre. Prenons les deux expressions pour les interpréter dans le double sens
des axiomes, l'une pour représenter la raison suffisante que nous cherchons dans l'accord de nos idées
entre elles, l'autre comme équivalent de la cause
que nous affirmons par un acte pur de notre intelligence. Nous pourrions nous servir également des
expressions de forme substantielle ou essentielle en
les interprétant de la même façon ; mais les excès
de la scolastique ont jeté des ombres sur leur sens
véritable, les premières sont restées davantage dans
les usages de la langue scientifique.

Or, en prenant dans un sens mieux défini les
deux expressions d'Aristote, comme il nous y invite
implicitement, il nous révèle à notre grande sur-
prise non seulement les principes et les règles de
la classification des êtres et des choses ; mais encore
le secret de toutes les découvertes et inventions,
de tous les progrès des sciences.

Lorsqu'Archimède s'élança hors de son bain et

courut par les rues de Syracuse en s'écriant : Ευρήκα !
il ne songea certainement ni au primitif du genre
dont il s'agit, ni même au principe de la raison
suffisante, comme une douche d'eau glacée ces froides
abstractions auraient calmé son enthousiasme. Et
cependant qu'avait-il fait? Sentant dans son bain
que ses membres devenaient plus légers en raison
du volume d'eau qu'ils déplaçaient, il avait simplement perçu une idée sans différence avec elle-même
entre ce fait et la composition en or et en argent
de la couronne du tyran de Syracuse, puis remontant
au primitif du genre dont il s'agissait, il avait découvert le poids spécifique. — Lorsque Képler for-
mula les lois des mouvements sidéraux, que fit-il
encore, sinon percevoir des idées sans différence
entre les formes de la construction de l'ellipse et
les mouvements des planètes et de leurs satellites ?
Newton, plus tard, découvrira le primitif du genre
dont il s'agit et en fera les lois de la gravitation.
Galilée trouvant les lois de la pesanteur obéira encore à la même règle qu'Archimède et Képler. Les
corps tombent sur la terre, mais la terre aussi
tombe vers eux ; encore une idée sans différence
avec elle-même ! et lorsque Toricelli et Pascal dé-
montrèrent la pesanteur de l'air, ils achevèrent la
découverte du grand physicien en remontant au
primitif du genre dont il s'agissait ; ils prouvèrent
que la matière pondérable obéissait partout et toujours à la loi de Galilée.

Montesquieu disait que les lois étaient les rapports
nécessaires qui dérivaient de la nature des choses ;
par Aristote nous apprenons comment nous en acquérons la science ; par la découverte d'idées sans

différence entre elles contenues en des choses et
des phénomènes divers. Qu'il s'agisse de l'espace
situé du côté d'une ligne droite et de la somme
des angles d'un triangle, des rapports entre une
courbe telle que la circonférence et une ligne droite
telle que son diamètre, des phénomènes si contraires
en apparence du froid et du chaud qui se coordonnent dans les lois de la chaleur, des corps denses
et des corps légers et de la découverte des lois de
la pesanteur ou de celles de la gravitation, partout
la même règle renaît sous la même forme. Toujours
la découverte d'idées sans différence avec elles-
mêmes contenues en des phénomènes intellectuels
ou physiques divers donne la raison suffisante et la
connaissance des lois qui les régissent.

Quant au primitif du genre dont il s'agit, la
cause, elle nous est donnée avec la même évidence,
mais elle reste le produit d'un acte pur de notre
intelligence. Toutes les grandes forces de la nature,
la pesanteur, la gravitation, sont-elles chacune vraiment le primitif du genre des phénomènes que nous
y rapportons. Lorsque Lavoisier, analysant les phénomènes de la combustion, remonta au primitif du
genre dont il s'agissait et découvrit un corps simple,
l'oxygène, il semblait bien avoir trouvé une cause
véritable. Mais les corps simples sont-ils vraiment
et absolument indécomposables ? Toute cause, tout
primitif du genre, nous dit encore Aristote, sont universels et nécessaires ; chaque anomalie, la moindre
exception éveillent notre doute et comme malgré nous,
nous recherchons un primitif du genre, une cause,
supérieurs. Ainsi Aristote nous explique non seulement la découverte des causes et celle des lois de

leur action, mais il nous révèle encore la raison
des progrès successifs des sciences.

Enfin dans leurs inventions mêmes elles n'obéis-
sent point à d'autres règles que celles du grand
stagirite. Depuis la vis d'Archimède, le plan incliné,
la bouteille de Leyde, la machine pneumatique, la
roue de Savart, le paratonnerre de Franklin, toutes
les inventions scientifiques portent indistinctement
le même caractère : elles sont l'application d'idées
données à des phénomènes ou à des faits qui en
paraissent complètement différents, idées qui par
cette application se transforment aussitôt en des
idées sans différence entre elles. Jusqu'à la dernière invention, le téléphone d'Edison, que fut-elle
sinon l'idée de la transmission du mouvement par
l'électricité, appliquée aux vibrations sonores. Un
de mes jeunes amis de la Sorbonne, M. Lippmann,
tenait l'invention dans la main. Déjà il était parvenu
à évaluer par le courant électrique les mouvements
du cœur et du pouls, un pas de plus, il appliquait son idée à la transmission des sons et devan-
çait Edison.

Cette interprétation des règles d'Aristote et leur
application si frappante de justesse aux découvertes
et jusqu'aux inventions des sciences ne soulève
qu'une seule difficulté. Comment le stagirite a-t-il
pu concevoir avec une telle précision les règles des
unes et des autres, alors qu'il n'en connaissait
aucune ?

S'il ignorait les grandes lois de la nature dont
la découverte fait la gloire des temps modernes,
ce fut précisément la raison pourquoi il s'attacha
avec tant de puissance et une persistance si singu-

lière à la fois aux formes de la démonstration logique et à celles si régulières et constantes des
êtres particuliers. Or, le procédé intellectuel dans
la classification des espèces et des genres est absolument le même que dans les découvertes et dans
les inventions des sciences. Nous voyons un certain
nombre d'êtres particuliers : quels sont les rapports
les plus complets que ces êtres renferment entre
eux, quelle est, en d'autres termes, l'idée sans différence avec elle-même que tous représentent indistinctement ? Quels sont en outre les rapports que
ces êtres particuliers contiennent relativement à
d'autres êtres, „le primitif du genre dont il s'agit ?‟
C'est pour avoir conçu nos idées générales d'espèces
et de genres dans leur pleine et lumineuse réalité
plastique qu'Aristote a pu fixer les règles de leur
formation au point de devancer les découvertes et
les inventions modernes, lesquelles à leur tour ne
représentent que des idées générales et nouvelles,
de genres et d'espèces différents. S'il s'est trompé
sur la portée des formes substantielles, il ne les a
pas moins conçues de la même manière que nous
concevons anjourd'hui les grandes forces et leurs
lois en cherchant à nous rendre compte de la régularité et de la constance des phénomènes naturels.
Les principes intellectuels sont restés pour nous ce
qu'ils furent pour Aristote, la science seule a
changé.

Ainsi que Phidias et Sophocle, dans leurs chefs-
d'œuvre, nous dévoilent les règles éternelles de l'art
et du beau, Aristote dans sa logique nous révèle
celles de la science et du vrai. Et si dans son
chef-d'œuvre à lui, nous ne découvrons nulle part

qu'il distingue d'une façon nette „les idées sans différence entre elles“ et „le primitif du genre dont il s'agit“, la raison de la cause, c'est qu'il a fallu le génie de Descartes pour nous enseigner une méthode, à la fois plus élevée et plus générale, nous permettant de pénétrer jusqu'au principe premier même de la pensée si vivante et si juste d'Aristote.

Je pourrais m'étendre longuement encore sur ces grandes questions et poursuivre la logique d'Aristote dans les différentes directions de sa grande doctrine. Il fut l'Homère de la science, comme l'a si bien nommé devant vous M. Barthelémy St. Hilaire. Partout nous retrouverions en tenant compte de la science insuffisante de l'époque, seule cause de ses illusions, la même limpidité classique dans les idées, la même profondeur dans les vues de l'immense penseur. Avec Homère commence, avec lui s'épuise le génie de la Grèce.

En ne m'arrêtant qu'à un point spécial, je n'ai eu d'autre but que de montrer comment, en suivant notre grand Descartes, on achève la pensée de l'illustre stagirite, de faire voir que la méthode de l'un complète celle de l'autre, en forme le meilleur des commentaires. Ils furent tous deux et ils resteront les immortels initiateurs de l'humanité à la science du monde.

TABLE DES MATIÈRES.

——

INTRODUCTION.

PREMIÈRE RÉPONSE.

LA LOI DE CAUSALITÉ.

Iʳᵉ PARTIE.

EXPOSÉ HISTORIQUE ET CRITIQUE DES THÉORIES SUR LA LOI DE CAUSALITÉ ET RÉSUMÉ DU PROGRÈS DES SCIENCES.

IIᵉ PARTIE.

ORIGINE, SENS ET PORTÉE SCIENTIFIQUE DE LA LOI DE CAUSALITÉ.

DEUXIÈME RÉPONSE.

Das Kausalitätsgesetz und das Prinzip des hinreichenden Grundes.

LA LOI DE CAUSALITÉ ET LE PRINCIPE DE LA RAISON SUFFISANTE.

MÉMOIRE

LU A L'ACADÉMIE DES SCIENCES MORALES ET POLITIQUES
le 28 février 1885.